你若心怀希望，
这世界又能把你怎样

一介
著

中国工人出版社

图书在版编目（CIP）数据

你若心怀希望，这世界又能把你怎样 / 一介著.
—北京：中国工人出版社，2017.8
ISBN 978-7-5008-6715-9

Ⅰ.①你… Ⅱ.①一… Ⅲ.①成功心理—通俗读物 Ⅳ.①B848.4-49

中国版本图书馆CIP数据核字（2017）第124321号

你若心怀希望，这世界又能把你怎样

出 版 人	芮宗金
责任编辑	葛忠雨　刘广涛
责任校对	董春娜
责任印制	黄　丽
出版发行	中国工人出版社
地　　址	北京市东城区鼓楼外大街45号 邮编：100120
网　　址	http://www.wp-china.com
电　　话	（010）62005043（总编室） （010）62005039（出版物流部） （010）62379038（社科文艺分社）
发行热线	（010）62005049　（010）62005042（传真）
经　　销	各地书店
印　　刷	北京市密东印刷有限公司
开　　本	880毫米×1230毫米　1/32
印　　张	7.5
字　　数	134千字
版　　次	2017年8月第1版　2019年7月第2次印刷
定　　价	36.00元

目 录 CONTENTS

叛逆

证明最好的自己是我们每个人的梦想。在人生的道路上我们会经历欢乐与痛苦、幸福与磨难、平坦与坎坷，我们应该学会宽容与谅解，不要苛求完美。许多人穷其一生去追寻完美这道彩虹，却发现阴影无时无刻不在跟随。

越努力越幸运 | 003

没错，我就是共产主义接班人 | 008

想赚钱，就要做好充分准备 | 015

娘炮又怎么了，辣你眼睛了吗 | 023

孤独是种修养 | 028

你充其量是个有文化的村姑 | 035

我就是我，你别绑架我 | 043

讲不清道理的人 | 049

我是一只娇生惯养的狗 | 058

成长

老一辈有喜欢留东西的习惯，总以为肯定有用上的时候。其实不然，这些没用的东西，占空间成本，收拾屋子有劳动成本，不划算。从收拾房间可以上升到人生的断舍离。

不经历迷茫，谈何理想 | 069

35 岁想学吉他，晚了吗 | 077

高效和低效，到底差多少 | 086

你那个证书能当饭吃吗 | 094

都什么年代了，你还拒绝推销 | 103

控制负面情绪，你就是人生赢家 | 111

自私会改吗？你会不吃饭吗 | 120

你说过哪些无法原谅的话 | 129

单身狗泛滥，剩男剩女各自徘徊 | 139

这些问题，跳槽无法解决 | 148

远方

不管一个人多优秀，只要一句脏话，全部的形象就会立刻坍塌。骂人是没道德、没教养的表现，从来不是酷酷的口头禅。

谦虚不一定是美德 | 159

什么人才能拥有这个世界 | 168

那些回忆中忘不了的城市 | 175

回头草好吃吗？想吐！ | 184

既然没什么可输的，那干吗不拼 | 191

不摔一下，你怎么知道会疼 | 199

别让学生思维束缚了你 | 207

你不是不聪明，而是情商低 | 216

你若心怀希望，这世界又能把你怎样 | 225

叛逆

证明最好的自己是我们每个人的梦想。
在人生的道路上我们会经历欢乐与痛苦、
幸福与磨难、
平坦与坎坷，
我们应该学会宽容与谅解，
不要苛求完美。
许多人穷其一生去追寻完美这道彩虹，
却发现阴影无时无刻不在跟随。

越努力越幸运

我羡慕过富二代，羡慕人家不用打拼就有钱、有车、有房、有漂亮的女朋友。不过仔细想想，其父辈也是从底层打拼，通过艰苦奋斗才有了现在的成就。因此，人家才有资格给孩子一个良好的生活环境。

我虽然羡慕，但是我不会嫉妒。我有我自己的生活，也许某一天，我会通过我的奋斗，去成为这样的有钱人。我认识几个家庭富有的朋友，他们同样需要努力才能拥有想要的东西。

小龙对自己所选择的道路非常清晰明了。我和他从小就是同学，只是到高中之后他去了其他城市念书才少了联系，不过因为从小一起长大，并且同桌好长时间，我对他还算是了解。

一起玩耍的时候我就知道，他是学校里面唯一一个有车的人。有时上下学，会有奔驰接送，不过平时他还是非常低调，除非是要迟到或者有事，否则很少乘车上下学。

晚上的时候，我们经常会一起踢球。他对足球非常热衷，并且对所有足球健将都非常了解。小时候我从来不看足球，但是因为他带我看了一届世界杯，从此就喜欢上足球了。

于是空闲的时候我们一起看世界杯，一起踢球。我到现在都非常佩服他的足球技巧。在踢足球的时候，他会成为我们的主力，也是进球最多的一个。

许多人羡慕他的球技，佩服他在这方面有着很好的天赋，但是他却不这样认为，他能有现在的球技并不是因为他有多么好的天赋，而是因为他喜欢这项运动，并且为之努力去练习。不要相信所谓的天赋，那都是自己不努力之后编造的借口。

的确，他家里有钱，当时所有同学只有他能买得起飞火流星纪念版的足球，但那么多喜欢足球的同学，真正能做到天天在球场上练球的，也只有他一个。

我们那个时候并不知道他练球的意义何在，因为那时我们每个人最重要的事还是努力学习。但是他说，除了学习以外，我们还有好多好多事情要做，不应该扎在书海里面去做一个书呆子。

高中的体育加试，只有他一个人以满分的成绩交付答卷。他永远走在我们所有人的最前面，在学习上也同样如此。我们学习的时候，他会在操场上练球，但是当我们回家玩耍的时候，他却消失在我们的视线中去学习。

因此他的学习成绩永远是我们班级的前几名，而且他告诉过我，如果一个人习惯于锻炼身体，那么他的精力要远远大于不锻炼的人。别人学习两个小时他只需要学习一个小时，别人困得哈欠连天，他却能做到精神饱满。

而现在，他依然如此，别人上大学都是想找一份稳定的工作，但是他却想要把能学到的技术全部学到。除了依然爱好足球之外，他还学习机械知识，在大学期间他拥有自己的轿车并且进行了改装。我们还在考驾照的时候，他已经跑到山上的盘山道上去学习漂移了。等我们大学毕业之后，他却继续考试，并且考上了机械工程学和工商管理学的双料硕士。哪怕我们现在不读书了，他依然在学习。

他说，他需要更多的学识让他子承父业。

有些人，总是羡慕他有一个好的家庭。但也正是因为有一个好的家庭，他才需要付出别人不曾有过的努力。他的足球踢得非常好，但是没人知道他曾经因为踢球伤了膝盖而住院一个多月。

同样，在大学期间看到他拥有跑车，在公司里打工，却不曾看到他已经没有了假期。我们班级聚会喝酒，却单独少了他。我们谈论他的时候虽然都在说他摆谱，但是我知道，那是我们嫉妒他。

真金不怕火炼，所有的真金都是通过千锤百炼才磨炼出来的。想要平静地度过一生，就不要羡慕那些牛掰的人开着跑车在你面前经过，因为他们经历的痛苦是你想象不到的。

曾经有过这样一个故事。

寺庙里面一个大钟很羡慕大殿上的大佛，大钟每一天都要承受百次撞击发出哀鸣，而大佛却每天坐在那里就受到千万人的敬仰膜拜。

大钟很是不服气，说："你我都是铜铸而成，为何你高高在上，受人香火供奉，而我却要挨打，这也太不公平了吧。"

大佛说："你也不必羡慕我，你可知道我在被工匠制造时受了多少敲打，承受怎样的火烧的痛苦？千锤百凿才铸就佛身，所以我才有资格坐在这里。"

别人之所以比我们牛掰，是因为他们付出的更多，承受过更多的痛苦，他们有牛掰的资本和能力。当我们看到电视里面的那些明星，我们会羡慕。但是我们不能片面地去看他们的风光，他们的努力我们又在哪里看到了？

曾经刘德华在最苦的时候一天只睡一个小时，被称为铁人。如果没有当时的努力，又哪里会有他现在的成功。林志玲，我们除了看到她美丽的外表和妖娆的身材外，是否关注到她其他方面的成绩？我们往往关心她的私人生活，而她却有着西方美学和经济学的双学位，同时她还精通日语、英语和韩语。其实抛开她的外表来说，她也是值得别人敬佩的一个人，所以当我们看到她光鲜外表的时候，也要看到她付出的努力。

当我们走到终点的时候，回顾我们的一生，是否有人曾经羡慕过你？而你认为自己已经非常努力的时候，看看前方是否有比你牛掰几倍的人依然在努力。

上苍虽然没有平等对待过每一个人，但会对那些努力向上的人特别照顾，牛掰的人之所以越来越牛掰，是因为越牛掰的人越努力。

没错，我就是共产主义接班人

爱国不知道从什么时候起变成了丢人的事情。

小侄女刚上小学一年级，有天回家的时候扯了扯身上的红领巾，在她妈妈面前敬了个少先队礼，骄傲地说，今天她加入少先队了，她是一名少先队员了，老师说她是共产主义的接班人。

谁知道她妈妈回头对她说，什么接班不接班的，接谁的班？没看我做饭呢，还在一旁挡路，赶紧进屋写作业去。

如果我是我侄女，肯定有点儿小失落。她是班级里表现最好的，所以是第一批入队的，老师都表扬了她，为什么她妈妈对她却如此不耐烦呢？

似乎从我们这一代开始，对于入队、入团、入党就没有那么高的热情了。还记得我小的时候，第一次戴上红领巾那天，老妈逢人便说，她家小孩出息了，已经入少先队了。而入党那年，我让老爸给我准备政审材料，老爸特别高兴，一直嘱咐我要好好表现，听从组织的安排，不要给他丢人。

当时我觉得他说得真严肃，很搞笑，害得我起了一身鸡皮疙瘩。

可能是时代在改变，现在人们的言论越来越自由。我们在网络上自由自在地做着“键盘侠”，动动手指就能发表自己的言论。看着别人一本正经说爱国，你会笑着问这是被谁洗脑了，不应该啊。

中国人都不善于表达自己的感情，有些人虽然特别爱自己的父母，但一辈子都羞于当面对他们说一句“我爱你”。对于爱国也是如此，说上一句“我爱我的祖国”，总给人一种矫情的感觉，有可能还会被别人嘲笑。

我曾经听过一次邹越的演讲，题目叫《让世界充满爱》，其中的一个篇章就是爱祖国。台下都是些小学生和学生家长，当邹越说下面要讲讲爱祖国的时候，台下的好多家长都笑了。或者他们觉得太小儿科了，他们觉得他们已经是大人了，他们每天为生活所累，已经谈不起“爱祖国”这种高高在上的话题了。

邹越讲到非洲国家第一次派运动员参加奥运会的时候，许多国家都是不屑的：你们非洲人那么穷，那么落后，凭什么跟我们站在同一个平台上竞技。这些国家的抗议声音，让奥运组委会不得不做出一个决定：非洲只能派一名运动员参加一个项目的比赛。

最后非洲代表团派出的是一个黑黑瘦瘦的小男孩，参加的是马拉松的项目。如果你是那个小男孩，你会有什么想法？想不通，委屈，不甘心，就因为我们国家弱就不让我们参加比赛吗？凭什么！

小男孩是很爱国的，他带着满腔热血，立志要夺一个名次，让全世界都对非洲刮目相看。刚开始的时候，小男孩跑得非常快，夺得了所有观众的目光，他们惊讶于一个黑人居然能超过其他种族的人。但天公并不作美，小男孩在比赛的过程中摔倒了。由于惯性的力量，他摔得不轻，大家都觉得他已经无法进行比赛了。身边的人一个一个地超过他，这时候别说冠军了，前十名都不太可能了。

大家本来都以为这个小男孩会退出比赛，可是他站起来了，一步一步地走向终点，即使前方已经产生了冠、亚、季军。在马拉松比赛中，只要决出前三名，剩下的运动员就可以放弃了。但是小男孩没有放弃，他跑不起来，就踉踉跄跄地向终点走去。摔倒一次爬起来一次，他拒绝任何人的帮助——因为他是运动员，别人一碰他，他就算犯规了。

终于，在所有人的注视下，他走到了终点。他的行为，让所有人对这个国家有了改观，同样也对小男孩肃然起敬。小男孩能为自己的祖国拼尽所有的力量，他为他的祖国争光了。

提到祖国，大家都会说一句祖国母亲，我爱你。我们无法选择出身，我们无法决定母亲是否强大，但我们能通过自己的努力，让母亲过上好日子，让母亲受到所有人的尊重。虽然那个非洲的小男孩生在一个平凡的国家，但是他一直都把他的母亲当作骄傲。我不知道他是否曾经抱怨过，但他为了给祖国争口气，带着伤走向了终点，这无声地表达了他对祖国母亲的爱。

网络上有些“键盘侠”张罗着移民，说自己的国家这里不好，那里不行，还说得头头是道。其实就如同世界上没有一个完美的人，世界上也不会有十全十美的国家。每个国家都有自己的管理方式，那自然有人受益，有人觉得不公平。

一个孝顺的人，就算是父母亲再不好，也不会弃他们而不顾的。如若不是他们给你生命，你连嫌弃他们的资格都没有。孝道是中国传统的美德，我相信绝大多数的中国人，骨子里都是爱国的。

对于普通人来讲，爱国就只是一句话，但对于军人来说，爱国就是一种使命。没有人不知道董存瑞牺牲了自己的性命，炸毁了碉堡；黄继光用身体堵住了枪口，被敌人活活打死；邱少云在烈火中一动不动，任凭大火熊熊燃烧。

这些故事教育了几代人，我根本不需要去讲这些故事的细节，提起他们的名字就没有人不知道他们的事迹。今天的你也许觉得这只是三个故事而已，但是你把这三个故事跟 80 岁的老红军说一遍，他们会感伤不已。

我曾经采访过一个老红军，他跟我讲起他战友牺牲的过程。他说，现实中的战场，跟电视剧中的一点儿都不一样。军衔再高的军官，在战场上都叫作战友。一场战役下来，横尸遍野，昨天还在身边儿好好地说话呢，第二天甚至遗言都来不及交代，人就走了，异常凄惨。

他讲起了一场战争，需要有一批人去前线引开敌人。大多数人想都没想就举手了，说白了这些兵就是去送死的，很少有能活着回来的。他和跟他关系最好的战友都举手了，战友让他别去了，毕竟他家还有老人要照顾，而他战友家里只有一个孩子和妻子，如果真要出什么事儿，战友拜托他帮忙照顾孩子。那一场战役以后，战友就再也没回来，他也信守承诺，将他的孩子抚养成人了。老人讲到这里，哭得就跟孩子一样。

在战场上牺牲的那些普通士兵，其实在现在就是普通的你和我，为了保家卫国，在生死面前没有丝毫犹豫。或者我们说起英雄事迹，几分钟就讲完了，但想象一下，平时你在点烟的时候，打火机不小心烧了一下手有多疼，邱少云就那么一点点被烧，居然能一动不动，那种钻心的疼，常人是无法想象的。他们是怎么做到的？他们靠着爱国的信念支撑着。

和平年代，我们的爱国热情在哪里？在细节上都能体现。

我喜欢看奥运会，每当奥运健儿为祖国赢得奖牌时，内心都感觉到无比自豪。在奥运会期间，电视会进行奥运会直播，你会看见，在公共场所的电视面前往往会站着一大堆人在观看，到了紧张刺激的时候，都在为中国的奥运健儿呐喊助威。

小时候，老师跟我说，只要听到了中国国歌，一定要站着，脱帽，敬少先队队礼。现在我虽然不用敬队礼了，但是这个习惯却保留了下来。有次路过学校，学校正好升旗，我就站在操场外看完升旗之后才走。朋友跟我说，他曾经没有听到国歌行注目礼的习惯，今天体验了一次，真的感觉特别神圣，国歌也变得异常有力量。

是啊，人人都要有信仰，对国家诚挚的爱就是一种信仰。军人要有绝对服从精神，我们每个人也要听从党和国家的指示。

你可以为自己而活，但你如果没有祖国，你连活的权利都没有，就更别说什么人权、自我、为谁而活了。这不是道德绑架，因为不孝的人谈何道德。

爱国不应该藏在心里，必须表现出来，用你的实际行动告诉下一代，爱国是一个人的本能。当你的孩子戴着红领巾出现在你的面前，你要恭喜他，鼓励他，因为你是共产主义接班人，他也是共产主义接班人，一代又一代地传承祖国的光荣传统。毕竟我们好，祖国才能好；祖国好，我们才能都好。

想赚钱，就要做好充分准备

钱很有用，四五岁的孩童都懂得钱的好处，有钱可以买心爱的糖果，有钱可以买好玩的玩具。现在的社会越来越物质化，以前问孩子将来想做什么，大多数都说宇航员、科学家、教授，现在如果问孩子，十有八九告诉你的不是职业，而是他想赚大钱。

想赚钱是好事儿，赚钱能够提高生活品质，能满足家人充足的物质需求。想赚钱的人大多数都有上进心，正能量爆棚。但是，人也不能一门心思就想着赚钱，如果只盯着钱，那么往往越想赚钱，越赚不到钱。

我有个表哥就特别想赚钱。表哥是独生子，家里的条件一般，父母供他上学很不容易。表哥特别孝顺，想早点儿出来赚钱让家人过上好日子。大学毕业后，表哥没有回家，在北京找了个工作，开始了他的“北漂”生活。

但这样的日子没有持续多长时间，半年后表哥就回家了。他说在北京观察了一阵，干房产中介非常赚钱，卖出去一套房子的中介费，都够他两个月工资了。于是回来他就开始张罗着商铺门市开店，老爸老妈拿出了养老的钱，让他去做想做的事儿。

不得不说表哥的执行能力真的很强，一个多月的工夫，他的小店就开张了。起初没有什么客户资源，他就在网上找，然后挂到他自己的中介上。表哥在家里等生意上门，客户没等来，却等来了工商局的执法人员。

原来，表哥根本不知道开中介公司还要注册，办工商执照，他一个多月忙活起来的中介公司顶多就算个黑公司，是要被停业整改的。念在表哥刚开业不久，并没有生意上门，加上他确实不知道开中介公司的流程，工商人员也没太为难他，只是让他停业，把手续办全了再说。

来来回回地又折腾了好一段时间，表哥的公司合法了。表哥本来以为这次他终于可以大展身手了，但是还是发生了很多意想不到的困难。比如，表哥是学中文的，对于财务一窍不通，他又急急忙忙地雇了个人管账。

这回有几个人陆续来问房源了，表哥似乎看见财富在向他招手了，但是一个月过去了，从来就没有回头的客户。原来表哥不知道市场行情，最开始的中介费都是他自己定的，因为太想赚钱，定得很高，跟市场上的价格相差得很远，客户自然问问价格就走了。

表哥做了一番市场调研，这才算把大概的价格弄明白了，中介费终于制定得合理了。但刚解决完这些问题，新的问题又来了。因为表哥不了解家乡房地产的情况，甚至楼盘名字都不熟悉，只能靠网络来寻找房源。但那些毕竟是别人的二手资料，表哥是新开的中介公司，怎么才能跟那些老中介公司相抗衡呢?

好在表哥念了那么多年的大学，基本的宣传手段还是知道的。他想到了出去发传单，然后挨个与楼盘去谈合作。但他毕竟是新中介，开发商都不认可他。况且他一个人出去跑业务，店里没人照看只能关门，特别影响生意。这时候他就想到再去招一些人。

不过故事到这里就没有下文了，表哥的中介公司维持了三个月就关门大吉了。表哥手里的资金有限，这三个月中，他一边交着价格不菲的房租，一边去做中介开业的准备工作。还要印传单、招人，他手里根本就没有那么多资金支撑。拿不出钱来，还没等第一个客户上门，公司就不得不关门了。

后来表哥只好又回到北京继续漂泊，这次在北京工作了两年，然后又兴冲冲地回来了，眉飞色舞地跟亲戚朋友说他想创业，他看中了北京的一个保健品，未来的前景很好。北京已经开业的保健品商店顾客特别多，他觉得这是一个商机。

他有他的理由，他觉得现在一家只有一个孩子，人口老龄化是未来的必然趋势。而老年人更加关注健康，上了岁数都会买保健品吃。而家乡老年人特别多，年轻人少，做这个一定会赚钱。

想法是好的，而且表哥现在手里已经有了一定的积蓄，家里人也都表示支持。有了前车之鉴，他们对表哥千叮咛、万嘱咐，一定要做好充分的准备再付诸行动，别像上次那样准备不充分，没多久就把公司拖黄了。

表哥这次准备得挺充分，用了两个多月的时间，把公司所需手续办齐，进货流程谈好，销售价格等列得一清二楚。开业那天亲戚都来了，排场还挺大。只可惜这个保健品商店也没熬过三个月，等我再次去的时候已经关门了。

这次原因和上次一样，没有顾客。不是说家乡的老年人很多吗，怎么会没有顾客呢？

家乡的老年人是很多，但是毕竟是小城市，老年人没有那么强烈的保健意识。对于小地方的老年人来讲，他们觉得养身体最好的方式就是吃好的。花花绿绿的保健品虽然吸引他们眼球，但是他们总抱着不信任的态度。加上老年人生活很简朴，花钱很谨慎，想让他们花那么高的价钱去买保健品是件非常不容易的事情。

没有分析消费者的购物习惯，这次表哥又傻眼了。

表哥两次创业失败的原因就是他太想赚钱了，去北京看到什么赚钱的行业，转身就想回家去做，前期并没有进行太多的分析和调查。而赚钱并不是件容易的事情，能赚多少钱，在于你之前付出了多大的努力。这种努力不仅是体力上的，还包括你对行业、市场的了解。

表哥一直在琢磨着如何创业，看到什么赚钱的行业就想立马回家自己干，但是有句话说得好：欲速则不达。就拿他的这两次创业经历来说，表哥第一次在北京做的工作是一家商场的文员，跟房地产并没有什么关系。只不过他在工作半年想要换房子的时候，接触到了中介的行业，觉得这个行业赚钱，回来就立刻做了。但是，他并不知道中介公司的基本工作流程，怎么扩展渠道，如何结交客户，甚至连开公司要办工商执照这种最简单的事情都没能弄清楚。这种莽莽撞撞的只为了赚钱的创业，又怎么能成功呢？

我身边有个朋友和我表哥的经历刚好相反，他叫星河，是我朋友中少有的创业成功的人。他在大学时代就挺优秀的，毕业以后的面试从来没有失败过。但是，出人意料，他在众多的用人单位中选择了一家刚刚起步的广告公司。这家广告公司成立只有一年时间，不过口碑非常不错。

不管从策略还是创意上，这个广告公司都喜欢剑走偏锋，给人出乎意料的感觉，他们的作品在市场上自然很受欢迎。加上善于热点炒作，很快该公司便名声大噪，在业内也颇有名气。

星河在这家广告公司一做就是 5 年。这 5 年里，星河的薪水并不高，涨幅也不大，因为是小公司，而且人员流动性较小，晋升的机会屈指可数。但星河所在公司的工作强度可是有名的，每次找星河，他不是在单位加班，就是在家办公，几乎没有自己的时间。

朋友替星河抱不平，这种不能升官不能发财、管理制度还苛刻的公司，为什么还要继续干呢，赶紧跳槽啊。实话说，找星河的猎头并不少，只要是和星河合作过的客户，都对他的能力赞赏有加，也有很多老总向他伸出橄榄枝，但都被他婉拒了。

星河在这个广告公司干了整整 5 年之后，选择了辞职创业。

那时候的星河已经是职场老手，在广告界也有了一定的资源，对于广告公司的工作流程轻车熟路，公司刚开业就接了好几个大单。有些曾经被星河服务过的客户听说他单独创业了，特意找到他要求合作。星河把自己的广告公司做得顺风顺水，钱自然也不少赚。

身边的朋友都说星河不知道走了什么狗屎运，不管是上班还是创业都能够如此顺利。不了解星河的人，可能真的以为他赚钱很容易，其实他背后所付出的努力是一般人做不到的。

你能在不升职微调薪的情况下在一个公司做 5 年吗？

你能牺牲自己的休息时间，主动承担其他的工作任务吗？

你能在每次做完一项工作之后，都会分析闪光点和不足，写 3000 字以上的总结吗？

你能在完成客户任务之后，还请客户吃饭，主动交流工作当中的不足吗？

你能为了做市场调研，牺牲了所有双休日出去玩儿的机会吗？

包括表哥在内的大多数人都不能，因为大家不仅想赚钱，还想轻松地赚钱。一看到别人赚钱，总以为商机来了，莽莽撞撞地模仿别人。模仿终归模仿，只能形似罢了，抓不到别人的内在，你还是赚不到钱。

有想赚钱的想法没错，但是赚钱千万不要冲动，赚钱需要从长计议。

第一，考虑这个项目适不适合你。有些项目具有城市的区域性，打个最简单的比方，你觉得在景区门口卖水赚钱，你就想回家效仿。这时候你就需要思考你家乡的景区有没有如此大的人流量，再者，天气有没有那么热，景区是以徒步观赏为主还是以休闲为主，如果一路上都有缆车并且天气不热的话，是很少有人会在景区买水的。

第二，你对项目是否有足够的了解。外行看热闹，内行看门道，如果你不是对这个行业百分之百了解，没有摸清这行的所有门道，那么还是劝你不要从事该行业了。一个门外汉做一件事只能称为业余，而那些专业的人才能赚到钱。

第三，你是否有坚持做这个项目的恒心。就算是再赚钱的项目，都会有生命周期，大多数的项目在最开始的时候是不赚钱的。在不赚钱的时期，你有没有对项目绝对的信心，你有没有足够的财力支撑不赚钱的这段时间，这也是非常关键的。

所以说，赚钱不是一蹴而就的，越心急越会与财富擦肩而过，只有理智赚钱，才能赚大钱。

娘炮又怎么了，辣你眼睛了吗

贴标签在当下似乎已经成了一件很时髦的事情，很多含有贬义的词汇在人们玩笑戏谑中也渐渐不再那么上不了台面，像“吃货”“娘炮”一类的词经常会出现在人们的闲聊之中。但不可否认的是，很多人在使用这些带有标签性质的词语形容别人时是充满了恶意的，大抵是因为这些人活得不太循规蹈矩，超越了一般世俗标准所能接受的范畴。

大琪经常要拖着她的死党三娘一起逛街寻觅美食，每次还会强行要求他请客吃烤鱼，因为最开始就是他带大琪这个馋嘴少女吃到了美味的烤鱼，从此就一发不可收拾。他总是会嫌弃地回应说，大琪再吃就要胖死了，然后下一秒就约好时间地点，还要细心地提醒着不许迟到。

类似于这样的活动经常会出现在这个求学异乡的组合当中。不得不说的事实是，三娘其人作为一个外形上典型的东北大汉在融入女生占比 80% 的学校过程中异常顺利，毕竟他能够做到和身姿妖娆的女同学一起山路十八弯地扭啊扭、拍啊拍。

每次出门之前，大琪都会向三娘发起轮番轰炸，目的就是希望他能准时出现在目的地。不巧的是似乎每次大琪这种生活虽称不上精致但也细致的女生总要拿出最大的耐心来等待三娘的对镜贴花黄，等他迈着小碎步、款款地朝自己走过来，顺便悠悠地翘起兰花指对大琪的妆容和口红颜色加以一番评价，然后在一片嬉笑怒骂中开启他们的“扫荡”之旅。

在很多人眼中，三娘这样的人就该用两个字来形容，就是“娘炮”。不爱球场爱商场，不爱武装爱红装，很少有一呼即应的哥儿们朋友，却有很多一起八卦聊天的闺蜜。他们在男生圈子里很容易被故意忽略，或是被投以睥睨鄙夷的眼光，但在大琪眼中，三娘就是能和她一起分享成长中的每一个小秘密，心思细腻，又极其敏感的一个人。

高中时，大琪和三娘的关系就很好了，幸运如他们，大学还来到同一个城市，还能在一起肆意戏谑地生活。“娘炮”这个词本身就存在鄙夷的意思，大琪会开玩笑说："女生是水做的，男生是泥做的，你是水泥做的。"换来他几下林妹妹式的捶打和林冲式的怒骂。

无论何时，遇到任何事情，他的陪伴都是常在的，与大琪分享开心与不开心，一起痛骂大琪的前男友，伤心难过的时候重新点燃热情的小火苗。就像他自己说，我就是我，是颜色不一样的烟花。他从没觉得自己和其他男生有什么区别，只是爱好和关注的方向不那么一致而已。对于有些异样的眼光，大琪气得直跳脚时，他却是一副无所谓的样子，还要反过来安慰大琪不要在意。他真的活得很大度、很包容，甚至有时候觉得他的心里一定住了一个 40 岁的老绅士。

传统意义上男生就该禁打扛摔，女生就该多愁善感，脱离了固有的生活轨迹就要为世俗指点。像三娘这样的男生似乎都有着一颗敏感却又强大的内心，他们懂得别人的眼光里有着何种情绪，同时还必须坚定地行走在自己认定的道路上，把自己每一天的生活过得风生水起。

就像电影《丹麦女孩》中的以世界第一例变性人为蓝本改编的莉莉，男画家艾尔纳在一次意外中发现了潜藏在自己身体中的女性人格，莉莉的出现让他的生活发生了天翻地覆的变化，他明确地知道他就是莉莉，他应该是莉莉，所以，他要不顾一切地成为真正的莉莉，尽管这有可能让他付出生命的代价。万千个体存在于这个美妙的世界，难得探寻到真正的内心，作为一个画家，艾尔纳和莉莉都深刻地懂得生活远在生存之上，而且生活不止一种模式，要勇于为自己的生活做出选择，无须太在意世人的目光，莉莉必须成为生活的重心，虽然因此她的一生变得那么短暂，但却绽放得那么精彩。

在琐碎平凡的每一个日子里，我们都行走在自己的生活圈子之中，囿于经历或眼界，对与自己生活相似的方式接受度更高，排斥与自身存在明显差异的人。三娘、莉莉其实都是现实生活中活生生的人，除了选择一些不同的方式生活外，和我们没有任何区别，对他们用娘炮、变性人、百合、拉拉等带有明显歧视的标签进行归类并不是单纯地把他们与大多数人划了个界限，更重要的是表现出了我们对多彩世界的无知，甚至还带着些轻蔑和不尊重。

与此同时，被标签化的他们在自己的生活中不断地累积自己生命的厚度和密度，我能想象出三娘对待当面鄙视他的人一定会铿锵有力地回复一句：娘炮又怎么了，辣你眼睛了吗？

在这个多元的时空中，如果每个人都过着一模一样、规规矩矩的生活，可以想象得出那会是一个多么无趣的世界，就像被规定每一句言语和每一个行为的机器人，不能有自己的想法和选择，一切都由内置的芯片程序来指挥。人们的创造力源于个性不同的人们追求不同的生活，他们就像一颗又一颗璀璨的繁星，用自身的光和亮增添这个世界的情趣。

其实每一个人都是有着自身明显特点的个体，他们之所以被标签，就是因为他们的特点相比于大多数普通人稍微明显了一点点，个性稍微突出了那么一点点，他们也和我们每一个人一样在认真而努力地生活，真诚地迎接每一天升起的太阳。选择善意地对待他们，也是善意地对待这个世界。

孤独是种修养

凌晨1点，还无法安睡，打开朋友圈，看到两个小时前的一条动态：晚安，孤独的人们。发此说说的人，是我的好友，小安。

看到这条说说的时候我还以为她被盗号了，这太玄幻了，千年女汉子也有伤春悲秋的一面，可见这个社会是多么地残忍，愣是把一个特别外向、乐观的女汉子变成了文艺青年。

小安喜欢旅行，喜欢带着朋友品尝美食，当然，还是个拍照爱好者，尤其对自拍情有独钟，朋友圈每天都会被她刷屏，有时候比微商还可恶，总让人有一种分分钟把她拉黑的冲动，可是，就是这样的她，一个从不会轻易悲伤的人，却说起了孤独，这是为什么呢？

手机响了，是小安问我在不在，有没有空出去坐坐，老地点。我这才意识到可能不对，从来大大咧咧的小安，这回说话的语气明显非常平静。当我急急忙忙赶到的时候，这姑娘已经喝了10瓶啤酒了，认识10年来，我从没见过这样的她，让人看着心疼。

那天，小安第一次跟我说起她的故事。

“我出生三天，因为嫌弃我爸穷，妈妈就丢下我和姐姐走了，自那之后，爸爸变得很颓废，姐姐担起了整个家庭的重担。但是，她当时只有7岁，你知道一个7岁的孩子，要照顾一个小婴儿，还要给工作的爸爸做饭是一种什么样的情形吗？说实话，我也不知道，在我印象中，姐姐就是我坚实的后盾，不管我发生什么事，姐姐都会陪在我的身边，可是就在7年前，姐姐为了我的学费，把自己的身体累垮了。当时我觉得整个天空都塌了，我开始内疚，如果不是我，姐姐怎么会变成这样，也就是那时我辍学了。你不是问我为什么吗？这就是原因，我想照顾姐姐，让她能过上好的生活。所以，你知道我看见你们可以上大学，我有多羡慕你们吗？

“从那个时候起，我才觉得我和你们不一样，我开始变得自卑，但是我从来都没表现出来，因为我知道，你们自从与我相识，就没看不起我。我的身边朋友很少，我从来都是伪装自己很开心，做你们的开心果。

“我喜欢和你在一起玩，我想和你做一辈子的好朋友，可我想和华在一起一辈子，不是朋友，是夫妻。我今天去向他表白了，可他说只把我当好朋友，从来没想过别的，我被拒绝了，我好难受。”

我不知道怎么安慰她，只能看着她一边哭一边喝，小安和华还有我是10年的朋友了，我发现我好像没有真正地了解过他们，原来，小安的内心是如此地孤独、脆弱，她是如此渴望有一个能够在心灵上陪伴她的人。

我给华打了个电话，可能是睡着了吧，也可能知道是什么事，反正他没有接我的电话，我抱着烂醉如泥的小安坐进出租车，报了她家的地址。但我的记忆只停留在睡着前，再醒来，小安已经不见了，桌上留着一封信。

信中的内容大体上说她要走了，人总该学着长大，该适应只有一个人的生活。手里拿着小安的信，看着床头上摆着的我们三个的合照，想着小安写信时红红的眼眶和临走时的不舍，我哭了。

仅此一封信，从此，我的世界从三人行变成了两人闯天涯。

有人说孤独与孤单并不相同，孤单，只是形单影只而已，而孤独，是找不到心灵的契合者。我一直都想不明白，小安是一个孤单的人，还是一个孤独的人。

华说真正孤独的人是看着大家热闹地玩闹，内心有千言万语，而无法吐露一句，只因那个能够聆听的人已不在，所以，宁愿安静地饮茶读书，也不想在本就喧嚣的人群多待一秒，小安应该是属于后一种。

相遇的人很多，一见如故的人很少，而相知的人更加难寻。

我有一个好朋友，叫妍妍，我们是高中同学，但可笑的是，学生时代的我们并不是朋友，那时候的她不仅学习好，关键人还长得好看，每天不是在图书馆自习，就是在去图书馆的路上，是家长口中的那个“别人家的孩子”。

每天独来独往的她，引起了我的好奇心。夏日的清晨，我站在行色匆匆的人群间，看着大美女妍妍，鼓起勇气向她发出邀请，约她去公园踏青。一路上我说个不停，而她只是淡然地看那一景一物一叶一花，仿佛我们在两个世界，好像一个假人和我在逛公园。

从那以后，我们再也没说过几句话，可能不对的人永远也无法理解你内心的想法、跟上你的步伐。我想，这就是所谓的孤独吧！

妍妍曾说，不合群是表面的孤独，合群了才是内心的孤独。不知道这句话正不正确，但从某些方面来说，确实是这样的。有的时候人是很矛盾的，想要合群，却丢弃了最初的坚持，可是又想摆脱孤单，比如我。其实，很长一段时间里，无论我怎么假装潇洒，佯作镇定，心里总还是觉得与这个世界格格不入，试着接受新的朋友，与他们逛街、吃饭，但那种感觉终不对，因此，我也真正地体会到了什么叫“一群人的狂欢，一个人的孤独”。

和妍妍再见面，我们已不再是学生，以前无话可说的我们，现在也能滔滔不绝。不是因为长时间不见面，而是我们都经历过孤独，那种感觉，只有经历过的人才会懂。

大学时，我一个人独处，不参加聚会，每天一个人吃饭、行走、读书，会在闲时刻意地穿过操场，走过那条小路，戴上耳机，听着那熟悉的旋律，就像一个独行侠。这样的时光，让我思考很多，浮躁也慢慢沉淀下来。

也是在那时，我终于明白了妍妍当时的心情，那时的我，好像正在走她的老路。其实最初在那个快节奏的城市里，我很迷茫无助，看着身边的朋友做各种各样的事情，百态尽有，而很多事情并不是自己真的喜欢，但迫于现实，却又不得不做。有更多的人不是把生命耗费在觥筹交错、人情应酬上，就是耗费在吃喝玩乐上，每天疲惫不堪，而我并不喜欢这样乌烟瘴气的生活。

朋友圈里有很多人发“不忘初心，方得始终”，可又有几人能做到。总是不能正确地面对自己的内心，或者说是害怕接受自己内心的想法，所以才会做一些自欺欺人的事情罢了。我也明白，孤独的乐趣，并不是人人都能享受，可既然无法将就，为何不默默坚守心底真正的欢喜，不要早早放弃，我相信，终有一天会解决所有的问题。

孤独并不可怕，可怕的是我们不愿享受这份宁静。

只有经历过从负隅抵抗到冷静的旁观过程，才会明白，成长中，种种的孤独感，如今看来都是无形的忘我成长。以前被保护得很好的我，身边有志趣相投的朋友，也有爱我的家人，处在负隅抵抗阶段的我，明白自己最终会平静地接受这一切，路，始终要自己走过。

孤独有时能够让人心生欢喜，像海上航行的小舟，暂且靠岸，稍作休息，也许能遇到同行之人，可以共同起航，虽然经过好多年，但是我知道，妍妍就是那个可以和我同行的人。

正因我们有了那份坚持，我和她才能在多年后成了无话不谈的好朋友，现在的她有了自己的家庭、爱她的老公、可爱的孩子，而我，也在等待着我的那位良人。

我不知道你们心中的孤独是什么，在我看来，孤独其实很厉害，它能让一个人变得脆弱，也能让一个人更加坚强，不能够正确面对孤独的人会被摧毁，而直面孤独、能够享受它的人，将变得更好。

有些人尽管天赋极高，才华横溢，却不能面对孤独，面对孤独的生活，因此，他会在空虚中慢慢地消沉，逐渐在寂寞中走向死亡。相反，那些耐得住寂寞的人，则会把孤独当作一种心境、一种挑战，所以他们通常都过得很好。

人的一生很长，总有一些路，需要自己孤独地走过，我们要在无人陪伴时，学会如何与自己独处，要静默地做自己喜欢的事情。亲爱的，时间其实是一把温柔的匕首，既能披荆斩棘，亦能在心口刻下一道道伤痕，愿我们在最美好的年纪，做自己最想做的事情，享受这一份简单的幸福。

让我们在人海沉浮之际，不仅为自己留下一段空白，还要有一段云淡风轻的孤独。如果有一天，别人问起，孤独是什么？我们就可以很认真、很用心地告诉他：孤独是一种幸福，是一种享受，是一种心性的修养，更是一种绝美的心境。孤独可以让你静下心来，想想自己，想想别人，回头看看来时的路，才能更加坚定地走向未来。

你充其量是个有文化的村姑

几年前的春节去奶奶家探亲时，街坊邻里总有人在讨论静雯的事儿。听说她放弃了家里公务员的工作，选择一个人去上海漂泊，静雯的妈妈气得已经要跟她断绝母女关系了。

据说这已经是静雯在街坊中造成的第三次轰动了。

静雯是我的小学同学，后来我因随父母到外地就转学了。记忆中的她瘦瘦小小的，在班级里总是坐第一排的角落，丝毫不起眼儿。相貌平平，成绩平平，如果不是她家离我家很近，我们经常结伴上学，或许我现在都不会记得她的名字。

本来她身上没有什么主角气质，却在高考那年，成了大家讨论的焦点。当时我住在奶奶家，东北不知名的一个小县城，那个县城的人整体文化水平都不高，也不太注重教育，从来都没考出过几个大学生。小学毕业那年，父母也是为了我的学业，才将我带到外地。但我初中高中的时候，每次寒暑假还是会去奶奶家，而我的寒暑假多半都是和静雯一起过的。

静雯特别喜欢我给她讲外面的世界、现代化的图书馆、窗明几净的教室、可以自由选择的兴趣课堂。每次她都听得很入神，眼睛中充满了羡慕。我跟她说，你要是能考上大学，就可以来到我的城市了，到时候你的命运就会发生变化。

不知道她是怎么努力怎么奋斗的，反正高考那年，她成为全县三个考上大学的学生之一，这在县城中造成了一次不小的轰动，虽然不是什么好学校，但是已实属不易。作为县城有出息的孩子的母亲，静雯的妈妈乐开了花，静雯也终于实现她的梦想，她终于可以去大城市看一看了。

静雯是在长春读的大学，她看到了她想象过无数次的体育馆、图书馆、自习室，吃到了她以前从来没有吃到过的美食。静雯是个知道珍惜的孩子，她知道对于她的未来，家里根本帮不上什么，一切只能靠她自己的努力。大学四年她拼命地读书，没事儿的时候就在图书馆里待着，对于她来说，读书就是一种休息。

眼看大学就要毕业了，对于静雯的职业规划，她却和妈妈产生了分歧。静雯觉得，她喜欢视频剪辑，就应该找份她感兴趣的工作，过上她想要的生活。而静雯的妈妈却认为静雯选择的是份“不稳定的工作”，横竖让她考家乡的公务员，有了这个铁饭碗，一辈子就会稳稳当当的了。

静雯没有拗过她妈妈，正好赶上家乡的省考，有个职位是县城社区的协理员，她就尝试着考了考。小地方，人才流失特别严重，省考的竞争压力本身不大，加上静雯不论从知识储备还是外在形象上都非常优秀，结果一次考试就被成功地录用了。

当初考上大学的孩子，现在回家又考上了公务员。邻居们都直夸静雯的妈妈有福气，生了个这么优秀又懂事的孩子。但是也就三年的时间，静雯突然辞职去上海，当初孝顺的孩子现在被贴上了任性不懂事儿的标签。

一晃几年过去了，前不久我去上海出差，静雯约我出来喝咖啡，几年不见她像换了个人一样。穿衣有衣品，说话谈吐明显不同，再也不是那个问我图书馆长什么样的静雯了。很显然，她在上海这几年混得还不错。我们聊到了这个话题。我就知道，一切都没有想象的那么简单。

静雯说，她之所以辞职来上海，是因为有人跟她说，她充其量只是个有文化的村姑。

当初她是想一辈子就在那个小县城里生活的，反正她去过长春，大城市也看过了，城市里的生活也体验过了，她是独生子女，她妈妈一个人把她养大，她不能不回去陪她。于是每天早八晚五，刚上班三天，她就把所有工作流程都摸透了，每天的工作内容就是循规蹈矩地重复着前一天的事儿。

还没过一年，她就对这种一眼能望到头的生活厌烦了。看她大学的朋友们，总是发朋友圈哭诉又加班到半夜，她就觉得自己是幸运的。慢慢地静雯也到了该结婚的年纪，家里时常帮她张罗着相亲的对象。其中有一个她觉得条件不错，也就是这个人，坚定了她要走的另一条路。

相亲对象在北京工作了几年，学历不高，有房有车，还有一笔不小的存款，但他就是不着急结婚。趁着回家探亲的几天，家里就赶紧给他介绍对象。静雯说，他们的那场对话，她永远都忘不了。本来她已经算是县城中最优秀的人，但是那个男的说的名词，她都不懂，那个男的说的菜名，她听都没听过。虽然那个男的没有说什么，但是从无奈的表情上来看，他们不是一个世界的人。

第二天上班，跟静雯比较好的同事问她相亲的结果，她叹了口气说不太好。同事说，那些从外面回来的孩子心都浮了，看不上我们小城市的人。我们自以为上了很多年的学，是个文化人，其实我们的文化丝毫没有派上用场。而你上了这么多年学，也充其量是个有文化的村姑罢了。

刚开始听到这句话，静雯是非常生气的：你才是村姑呢，你们全家都是村姑。但仔细想想，其实她说的并非没道理。她去过最大的城市就是长春，不要说世界那么大，她都没有看过，就是祖国她都没有看全，甚至没有出过东北三省。每天的工作不忙，每个月的工资也少得可怜，难道她真要在这个小城市过一辈子，过几年找个人就把自己嫁了了事？

想出去奋斗的欲望，从来都没有那样强烈。辞职之前，她有过犹豫，她想她的妈妈会不会伤心。但转念一想，妈妈的伤心也是暂时的，如果自己不拼，那么给妈妈的永远是这种粗茶淡饭的生活，如果她真混出了个样子，也算给妈妈一个第二人生。

于是不顾所有人反对，她辞职来到了上海。

来到上海之后，她发现同事的那句村姑真是说得太轻了。上海跟长春压根儿就不能一概而论，她从没看过的高楼林立，夜上海的景色，跟书上描写的一点儿都不一样。到了上海的公司她才知道，原来她读过的书是那么地少，这里人才济济，她要学习的地方实在太多了。

于是在这里她过上了与以往完全不同的生活，为了跟上公司其他人的脚步，她常常加班到深夜。凭借着那股努力劲儿，她成了公司进步最快的员工，自然受到了领导的青睐。静雯说，在东北，大家都想着怎么安逸，怎么能最舒服地过活，大街上沿街乞讨的人多的是。上海没有，倒不说这里没有穷人，而是做什么都能赚钱，就是在天桥上卖矿泉水都能够养家糊口。老家人走在大街上都是优哉游哉的，这里的人脚步匆匆，不浪费任何时间，对于他们来说，时间就是金钱。

静雯的事业风生水起，这几年赚了不少钱，不仅衣锦回乡，还再次轰动老家，他们再也不念叨静雯当初辞职背井离乡有多傻多任性了。现在老家的人都说静雯到底优秀，不管到哪里都能闯出自己的一番天地。而且去年还把她妈妈接到了上海，静雯在工作中也遇到了喜欢的人，两个人现在已经到谈婚论嫁的程度了。

静雯的故事，很励志，如果她当时选择继续在老家做个小公务员，我现在看到的可能就是胖了一圈的静雯。不是说安稳不是好选择，只不过静雯的性格本来就敢闯敢拼，向往着远方，假如不去拼一下，那么这辈子她都不会甘心。

我身边的人形形色色，来来往往，他们的人生都不相同。选择在家乡安稳生活的，早已经娶妻生子，在没有压力的城市里，也是潇洒惬意。选择在外打拼的，虽然奋斗得很辛苦，生活得很艰难，但是内心是快乐的，尤其是在阅历、经验、财富都有了一定积累之后，感觉所有的努力都是值得的。

两种生活各有利弊，但于我来说，我更倾向于静雯的生活。生活的真谛，并不只是活着，一辈子安逸没有波澜的生活，不痛不痒，被生活的琐事所烦，就好似没有真正的活着一样。

曾经中考报志愿的时候，分数刚好卡在省重点和市重点之间。家里的人都劝我报后者，因为有句话道“宁做鸡头，不做凤尾”，理由是省重点的人才太多了，我要去的话只能是最差的那一个，得不到老师的照顾，很容易被遗忘。而如果去市重点，我是第一名，那样所有的老师都会围着我转，总比去省重点被老师冷落强。

听信了家里人的话，我选择去市重点做一名尖子生。如果让我现在再选择一次，我定不会做如此的选择。市重点虽然老师可以照顾一些，但是身边的朋友都是比我学习差的，而且市重点是出名的体育名校，不注重文化课的培养，学习环境就摆在那里，就算老师再怎么照顾，最后的结果都是一样的，当初想着市重点会安逸，谁知道安逸久了就没有了动力，最后我的高考成绩也只是市重点的平常水平。

一个人的眼界高低，在于读过多少书，与多少有智慧的人交流过想法，走过多少地方，阅过多少人。人们穷尽一生的追求也是如此。从呱呱坠地到长大成人，起初守着小天地，但我们始终在向往外面的世界。在电视上看，在互联网上寻找，你所了解的只不过是片面。唯有亲眼看看、亲耳听听、亲身经历，才会让你感觉到，世界真大，我们真渺小。

有句老话说得好：读万卷书，不如行万里路。年轻的时候就应该多出去走走，多到外面看看，接触不同的风土人情，找到属于你的一方天地。挣开现实的束缚，拒绝循规蹈矩的生活，为了你自己、为了家人、为了梦想，努力地冲一次，毫无顾忌地拼搏一把，别只做个有文化的村姑，要相信你是最优秀的，只要给你一个舞台，你终会成为万人膜拜的女神。

我就是我，你别绑架我

“大清都亡了，你还在讲不孝有三，无后为大。”

1

吴同学：他受伤了还在坚持比赛，可我没有故意输给他，我有罪。

这是吴同学高中时期的事情了，那年9月学校组织了年度运动会，吴同学报名参加了长跑项目。那个时期的男孩子都是争强好胜的，吴同学也不例外，他人高马大，一向对所有运动项目都很感兴趣。

比赛前一个月，吴同学就开始准备，每天晚自习下课他都会去操场上练习，出汗太多，T恤衫只好一天换一件。吴同学有个暗恋的女生，叫倩倩，他希望倩倩能在他比赛的时候为他加油，到时候赢到了奖品送给倩倩留作纪念。

这么想着，终于到了 9 月 30 日，吴同学坐在场下看自己的好哥们儿跳高。这时班里的同学开始讨论其他班与吴同学参与同一个长跑项目的男生，那个男生往年也都会参加，名次上不是第一就是第二，但今年他的膝盖有些不舒服，好像是受伤了。

吴同学认识那个男生，以前总是他们几个人一决雌雄，今年听说自己的对手生了病，不能比赛还有点儿失落，有种惺惺相惜的感觉。

等到了检录的时候，吴同学惊讶地发现那个男生也来了，与以往不同的是，他的腿上缠了几圈绷带，看来是伤还未愈。他走了过去，拍了拍男生的肩膀，问他腿上的伤势怎么样了。男生咧着嘴笑，开玩笑地说道，可疼可疼了，等下你要让让我啦！吴同学也哈哈大笑起来。

哨声一响，吴同学按照自己的习惯，起跑速度不是很快，他在前几圈保持着匀速奔跑，也正因为速度不是很快，他还抽出时间瞥了几眼场下的倩倩，倩倩挥舞着手里的小红旗，笑得很开心。

开始的几圈那个受伤的男生还能勉强跟得上吴同学的速度，

两人在擦肩而过时相视一笑。等到了该为最后的冲刺蓄力的后几圈，别说那位男生了，没有人能跟得上吴同学，他一个人遥遥领先。冲刺时吴同学彻底甩开了偶像包袱，一路凯歌拿下了第一，回头一看，那个受伤的男生居然是第二名，吴同学不禁又一次哈哈大笑，为他感到高兴。

第一名的奖品是一套百科全书，吴同学拎着沉甸甸的书往班级走去，他一边用背心擦汗，一边心想，还好，只要不是一套《五年高考三年模拟》就还能送得出去。

可是他没想到，回到了班级，倩倩跟他说的第一句话就是，人家都受伤了，你怎么不让让人家？

吴同学一脸蒙状，问倩倩，我为啥要让他？

倩倩说，你让让他，他就能拿第一了，不像现在这样，腿疼了一路，却是个第二名。

吴同学没有说话，他感觉手上的百科全书那么沉，沉到他伸不出手把它送给倩倩。他问倩倩，我拿了第一，你不为我高兴吗？

倩倩说，你打败了个受伤的人，有什么好骄傲的。

说完这句话，倩倩就回到位置上继续看比赛了，留下了人高马大的吴同学杵在原地。那一整天吴同学都没有心思关心剩下的比赛，在随后的接力跑中还走神崴了脚。他脑子里只有一句话：是我错了吗？难道我应该故意输给那个男生，让他拿第一，这才算是光明磊落？

后来吴同学一瘸一拐地往教室走的时候，又遇见了那个男生，他套上了校服裤子，盖住了腿上的绷带。

男生跟他说，你怎么也瘸了？等你好了，咱俩一起打球吧！

吴同学没回答，而是问了他一句，我们班同学跟我说，今天我胜之不武，本来你应该是第一的。

男生笑，说，第一又不能吃，而且，我也不喜欢百科全书啊，我得了个床上四件套，估计我妈能喜欢。

见吴同学沉默，那男生又说，我都没说叫你让让我，哪个脑袋长包的多管闲事啊？

听了这话，吴同学突然想通了，是啊，当事人都没说什么，倩倩又有什么资格说呢，想来想去，倩倩除了长得好看，也没什么好嘛。醍醐灌顶般的吴同学当下决定，把百科全书拿回家给他爸，他爸有一个大书架，他可以用来向朋友们显摆这是儿子的奖品。

很多年后，别人问起吴同学最讨厌哪一类人时，他果断地说，慷他人之慨的那种人。

并不是每个人都笼罩着圣母光环，比赛本就有输有赢，在你心中的天平倾向于弱势群体的同时，请思考一下，究竟那些凭借自己实力胜出的人，又做错了什么？

2

乐明说，凡是可以用“关你P事”来回答的，都是道德绑架。

比如，“你瞧这老大爷白发苍苍的，你还不给他让座，现在的年轻人可真是没素质。”“关你P事。”

或者，“你爸你妈多不容易啊，你要是孝顺，就应该赶紧让他们抱上大孙子。”“关你P事。”

还有，“哎呀，你看环卫工大姐这么辛苦，挣得还少，不就是剐坏了你的宝马吗，你那么有钱就别和她计较了。”“关你P事。”

如果面对道德绑架，我们都能把自己心里那句“关你P事”一吐为快，那这个世界将会和谐多少啊！

还是那句话，道德是用来约束自己的，谁那么说，谁就那么去做，别人在没有触犯法律的情况下做出的决定，都不应该被其他人站在道德的制高点上批判。

但要是那些站着说话不腰疼的人真的能用那套裹挟别人的道德标准去要求自己，那我也敬他是条汉子。如果不能，就别绑架我。

讲不清道理的人

你身边有没有这样一群人，你怎么跟他讲道理都讲不清楚，他们总有自己的一番理论，那副不讲理的样子分分钟想让你把他掐死。你希望世界和平，喜欢遵循道理规则论事，但是世界上又有那么多不讲理的人。这些人应该怎么对付？当然是见招拆招，如果他们实在脑残的话，那么就只好走为上策了。

生活中讲不清道理的人大致有三类。第一类人跟你看问题的角度不一样，但喜欢没理辩三分，他们总是喜欢抬杠，有时候为了证明他们有理，还自己编出一套大道理等你入坑，换句话说，也就是不仅情商低，而且还把你的情商拉到和他一样低，然后以他的低情商经验说服你。第二类人是性格上的不讲理，喜欢贪小便宜，只要觉得有一点儿吃亏，那就必然拔高嗓门，跟你喊出个道理。第三类人没有什么知识，也缺乏眼界，他们无法理解你眼中的世界，所以你说出来的道理就相当于对牛弹琴。

1

有一种人平常看起来很正常，但就是生性好斗，遇到什么话题你和他的观点不一样，马上就跟疯了的斗牛一样，一定要说到你服了才行，让你觉得这种人跟你的“三观”严重不合。甚至一些生活常识的事情，他还要跟你各种争辩，并且还想方设法地把你拉到他的“三观”上，让你认同他的观点。

我大学室友小 A 就是这样一个人。

跟她说话特别累，不管什么时候，不管她能不能插上话，她总是要发表一番观点，只要你不认同，就跟你据“理”力争，死磕到底。比如你提到了光年的概念，她会说她知道，不就是以光的速度过了一年吗。你说不是，光年不是时间单位，而是距离单位。她马上就说了，那还叫什么光年啊，年本来就是说时间的啊，你用一年给我量量距离试试。就好像米是距离单位，你能说你过了一米时间吗？

是，对，你说得太对了，去和那些科学家争论吧，你最厉害了。

有一次我在寝室吃苹果，吃了两口一看上课的时间到了，就去上课了。回来的时候发现苹果的表面已经红了，就随口说了一句，这苹果氧化得真迅速。小 A 马上就接过来了：“开玩笑呢啊，空气当中才有多少氧啊，还氧化反应，好像你知识多渊博一样。”

我就无语了，问小 A，那如果不是氧化反应，能是什么呢？小 A 说，就是苹果放时间长了，放坏了，然后脏了呗。行，好，苹果真爱脏，梨、香蕉、西红柿也爱脏。

曾经也试图和小 A 讲道理，有时候为了证明她是不对的，特地上图书馆查了资料，摆在了她的面前。每每这时，她一定会再补上一句：行行行，你什么都对，不就是说错了一句话吗，心眼咋就那么小呢！

怎么就傻到跟她讲道理呢？跟这种不讲理的人讲道理，她总是有一万个借口在等着你。就算跟她讲出个道理来又怎么样呢？破坏一段友谊罢了。还是不要白费力气了，平时跟她少说点儿话，也少费点儿口舌。

2

有些人不讲理单纯是为了占便宜，小聪明比较多，但最后也可能落得吃亏的下场。这让我突然想起当初第一次租房子的时候，房东是个 30 多岁的女人。因为工作忙，每次收租什么的都让她年近 80 岁的老爹来。老爹颤颤巍巍地上门，我们也愿意和他唠上几句。老人很是慈祥，家长里短跟我们聊了不少。

有次正要做饭的时候，家里突然断电了，菜还没下锅，突然漆黑一片。邻居并没有停电，我刚交完电费，肯定也没有欠费。于是给房东打了个电话，她让我们先将就一下，第二天找人来修。结果第二天还是那位老爹来了，我们看他也修不了什么，就帮他请了电工。

电工来了，问题很简单，就是房子年头太久了，电路中的电线老化了。而房东的房子电线是在墙体中的，如果想维修的话，只能把所有的墙都砸了，维修成本大约要 2000 元。还有一种方法就是在墙体外重新连接电路，成本不高，100 多元钱就好了。

在经过老爹允许之后，我们采用了第二种方式，家里终于能重新通上电了。谁知道在交钱的时候却出现了插曲，老爹说他出门从不带钱，让管他女儿要，而电工又着急结钱走人，我们就只好垫了钱。

这个房东不是不讲理，实在是太不讲理了。一口咬定就是我们弄坏了房间的电路，什么“也不知道你们几个人住，你们肯定用了什么大功率电器”，什么“在租房子期间你们把房子弄坏了就要赔偿”，巴拉巴拉说了一堆，最后竟然威胁说她老爹有脑梗，刚才回来就感觉情绪不太对，肯定是我们气的，没让我们赔偿医药费就不错了。

30 多年的老房子，电线老化让租户拿钱，还拿老人的病当威胁，难道这是双重碰瓷吗？

不过也就 100 多元钱，不想与房东费口舌，不给就不给了。后来，房东贪小便宜的行为愈演愈烈，上到用了十多年的热水器坏了，让我们赔，下到水龙头坏了，还让我们赔，从刚开始的蛮不讲理，上升到胡搅蛮缠，没有理就扯着嗓门喊，邻居不知道的还以为我们是一屋子的小三。

房子到期，我们赶紧搬走了。果然不出所料，走的时候还找各种理由不退押金。理由奇葩到地板脏了擦不干净了，他们得重换地板。拜托，你家地板都用了不知道多少年了，脏了难道要怪我们吗？门口的拖鞋没了要赔，厕所的垃圾桶没了要赔，房东站在门口叉着手臂叨念了一个小时，像极了满头鬈发、口叼卷烟的欧巴桑。

对于不讲理的人，和她怎么讲理都没有用，和她吵一架也只能拉低你的素质罢了。退房的最后一天我们报了警，拿出了租房合同和维修房屋电器所有的单据。在警察叔叔的帮助下，我们要回来了所有的钱。

为了占点儿便宜真是机关算尽了，像租房子这类事情还有点儿必要，毕竟金额也不小。但是平常在公交车、地铁上总能看见各种原因逃票的，在菜市场总能遇到缺斤短两的，跟这些人讲什么道理都没用，讲理的人也从不会盯着这些芝麻大的小便宜。

所以千万不要和不讲理的人讲理，因为他都已经不讲理了，你还和他讲什么道理。好在中国是法制社会，没有法律解决不了的问题，不论事情大小，只要求助公安机关就好了。当你讲的理他们听不进去时，那就只好让法律的强制力解决问题了。

3

还有一种不讲理，叫作文盲真可怕。你没法跟他讲道理，是因为你们的文化知识水平和阅历根本不在一个档次上，他说的你听不懂，你说的他也理解不了。

朋友阿卡就总是说出让人啼笑皆非的话来。聊天软件刚开始流行的时候，阿卡所在的小城电脑都还没有普及，人们与远方亲友的交流方式还是电话和书信。阿卡有个北京的亲戚回老家，跟阿卡说起聊天软件怎么怎么方便，劝他也买台电脑，连上互联网，这样也方便沟通。

阿卡说怎么可能，我这边说话你马上就能知道？电话还得传播上一阵呢。亲戚解释说不是用电话，而是用信号，宽带网络。阿卡就笑了，说网络这么好使，你知道我在想什么吗？你用信号感应一下我在想什么啊。

这时候亲戚已经不想跟他交流了，等互联网真正普及的时候，让他自己慢慢感受吧。

生活中这样的人不少，因为没有体验过，所有就以“坐井观天”的视角来和别人讲道理。当然，站在井外的人根本无法跟他们讲道理，就算你再怎么描述，他们依然活在自己的世界里，有时候还对外面的世界嗤之以鼻。

我去云南出差了半年，回来的时候跟朋友闲聊，说云南过桥米线蛮好吃的，他说怎么可能，云南米线是他们自己炒火的，根本没那么好吃，尤其是北方人更是吃不惯。他们的米线都是甜的，而且特别硬，嚼都嚼不动，还谈什么好吃呢？一碗死贵死贵的，还不如回家吃方便面，就骗你们这群外地人呢。

说得真有道理，如果不是他一次都没去过云南，可能我真就信了。

我的苹果手机已经用了好几年，说不上是果粉，只不过操作系统已经习惯了，虽然贵了点儿，但是用的时间比较长，对于我来说也算是物有所值了。公司新来的实习生凑过来，问我为什么要用苹果，我说我觉得苹果好用一些。他马上开始头头是道地分析起来了，什么硬件、内存、屏幕分辨率，说的我一句都听不懂。反正大意就是苹果手机那么贵，而且配置还没有某些国产手机好，买苹果的都是冤大头。

我差点儿就以为我是冤大头了，如果不是因为他一次都没用过苹果手机，可能我马上就去换他口中性价比超高的那些手机了。

4

其实，你大可不必跟每个人讲清道理。所谓为人处世的最好境界就是看破并不说破，既然道理讲不清，那你明白道理就好。

跟那些人之所以讲不清道理，究其原因还是涉及了他们的利益。你比他们懂得多，他们为了不显得自己小白，必然会据理力争；为了占一些小便宜，露出了蛮横不讲理的丑恶嘴脸；或者单纯为了逞一时口舌之快，喜欢抬杠，和这样的人讲道理就是浪费时间。

遇到不讲理的人，第一感觉一定是气愤，很容易脸红脖子粗地就和人理论起来。其实大可不必，首先要冷静下来，想清楚这个不讲理的人和你的关系，如果就是在马路上随便碰到的陌生人，或者是接触不太深的朋友，而且他们跟你理论的事情不涉及你的利益，那么随便应和就好。你不需要对他们负什么责任，他们说的话就当耳旁风罢了。如果涉及了你的利益，那就通过法律的强制力解决吧。如果不讲理的人是身边的亲人，或父母，或子女，那就要耐心和他们讲道理了。即使不能改变什么，至少你也尽了你应尽的责任。讲理，是教养、涵养的体现，高情商的人很美丽，不讲理的样子真的很丑。

我是一只娇生惯养的狗

小妹抱回来一只狗，我笑着说这狗挺好看的，在哪儿弄的啊。小妹一脸的不乐意，说它不是狗，它跟我们一样，是人，你看，它在跟你说话呢。

说得我后背凉飕飕的。

事实上她不仅是这么说的，也是这么做的。这是一只小公狗，当天小妹就给它取了个洋气的名字：哈利。晚上吃饭的时候，小妹抱着哈利，向全家人宣示主权：哈利虽然是一条狗，但是不允许大家把它当狗，在家里它就是人，要受到人的同等待遇。还有，这是她的狗，任何人不许喂，不许靠近，不许带它出门，不许逗它玩儿，她要做这条狗唯一的主人。

全家人面面相觑，不过也没说什么，添个家庭成员也挺好。但是没过多久，我们就清楚地认识到，家里不是多了一个新成员，而是多了一个祖宗。

这位新成员有自己的窝，但是从不回窝睡。因为小妹每天晚上都要把它抱到床上和它一起睡。本来小妹晚上睡觉特别不老实，我跟她一起睡的时候，她都能占到床的四分之三。但自从旁边有了哈利，她晚上睡得一动不动，生怕一翻身压到了它。

小狗都有占地盘的习惯，久而久之，哈利就把床当成了它的地盘，在小妹的床上拉屎尿尿，毫不含糊。小妹回来看见了，虽然特别生气，但是也只是吼两句，给哈利该吃吃、该喝喝。哈利见尿到床上也并没有受到什么惩罚，就当这是正确的行为了。于是，客厅的沙发、小妹的书桌都成了它的排泄地。一开门就能闻到的臊臭味，让全家人都感觉不适。

但是，我们不知道，这仅仅是个开始。

某天晚上回家，刚一进门就发现不太对劲儿，往常只要家里门一开，哈利肯定冲出来扑人，那天却格外消停。等我进到老爸的书房，被眼前的景象惊呆了：满屋子字画被撕了个稀巴烂，哈利白色的毛被墨汁染成了黑色，它还在饶有兴趣地啃老爸的毛笔。

哈利的行为在家里引发了轩然大波，老爸回家看见这番景象之后，拎着哈利给它一顿暴打，它钻进桌子下面就不肯出来了。小妹回来看见哈利的可怜相，跟老爸大吵了一架，扔下了一句“你那些破字画有什么好值钱的”，就心疼地去哄狗了。

后来好几日家里的气氛都十分紧张，小妹还是特别宝贝她的哈利。甚至下班回家，看见哈利还在床上睡觉，她自己就跑到沙发上睡，理由是：不要打扰她的哈利休息。在吃的方面，小妹不知道听谁说的，狗都认饲主为主人，明令禁止家里的人喂哈利。即使下班很晚，宁可让狗饿着肚子祸害屋子，也不肯让家里的人喂它狗粮。而小妹回家后，每次都带着肘子、猪蹄、火腿肠等食物喂狗，哈利常常饿了一天然后晚上再暴饮暴食。

再后来，哈利的口味渐渐刁钻了起来，甚至没有肘子就不吃饭了。大家在吃饭的时候它也没有教养地往桌子上蹿，出去遛狗的时候，总往别人身上扑，小区的人看见哈利都躲得远远的。

后来哈利生病了，医生说哈利是小狗，肠胃很脆弱，喂那些不消化的东西就等于在谋杀它。在医院，哈利如同大闹天宫一般，非常不配合检查，医院的医护人员都直摇头：这只狗，太难管教。

谁说不是呢，因为小妹的溺爱，这只狗从一出生开始就娇生惯养，好像世界上它是老大，没有人能管得了它一样。我们劝小妹，养狗可以，但是要会训练狗。它拿你当主人，并不仅仅是跟你最亲近，更要最听你的话。养它却不管教它，将来是要出事情的。

小妹哪里听得进去啊，管教它的宝贝哈利，简直比让她加班一年都难受。就这样，悲剧发生了。有天小妹出去遛哈利，但是没有拴绳。哈利看见一只小母狗，直接就朝小母狗冲了上去。小母狗吓了一跳，就跑开了。那时候正在一个繁华闹区，周围来往的车辆很多。哈利就在车中间乱跑，实在是太危险了。眼前红灯要结束了，哈利还在马路中间，小妹着急地大喊，但是并没有什么用，哈利根本就不听小妹的话。一辆大车径直开来，为了避闪哈利，撞到了一辆小车上，小车因为惯性没有刹住车——哈利就这样倒在了血泊中。

小妹疯了一样冲入事发现场，指着开大车的司机破口大骂，说哈利是人不是狗，让司机偿命。后来警察来了，几个人一块儿调出了监控录像。司机是正常行驶，倒是哈利突然闯入马路中扰乱了交通秩序。警察判哈利的主人小妹全责，万幸的是这场事故没有人员伤亡，而两辆车的保险很全，否则小妹面临的就是重额的经济赔偿。

这场闹剧总算结束了，倒是真可怜了那只聪明伶俐的小狗。刚到我家的时候，它肯定没有想到它会以这样的方式结束一生。小妹的“惯狗行为”让人咋舌，不禁让人想到了那句老话：“惯子如杀子”，未来如果小妹还以这样的方式教育她儿子，后果不堪设想。

我们的上一辈，过够了吃不饱、穿不暖的日子，跟姐姐弟弟妹妹们争夺一口粮食，说真的，穷怕了。现在日子好起来了，当然不想让下一代也受和他们当年一样的苦，拼命地给孩子最好的物质生活，对于孩子的要求，总是有求必应。

我有个同事的孩子，从小在奶奶家长大。奶奶那辈的人爱孙子更不得了，从小就把孩子当成掌上明珠，说为孩子做牛做马都丝毫不为过。只要是孙子提出的要求，必须得做到。大冬天孙子要吃草莓，年近 70 的奶奶走遍了小城的所有超市，硬是给孙子买了回来。而孙子只是看了两眼，一口都没吃；他又说没胃口，想吃方便面了。

奶奶对孙子好，但却并没有得到相应的回报。奶奶逢人总是说，孙子现在还太小，小孩子都这样，等以后懂事儿了就好了。

你从来都没有去用心管教过，却幻想着时间一到，孩子就立马懂事儿了，那不是天方夜谭吗？

事实证明，时间代替不了家庭教育。现在那个孩子，不锻炼，不运动，出门只500米的地方也要打出租车，仅仅12岁就超过了200斤，因为常年喝饮料，从来不喝水，年前刚刚做完了肾结石碎石。更是因为肥胖症住了院。

在医院住院的时候，他奶奶每天都来医院照看，给他带自己认为最好吃的东西，他却从来都不看一眼。有天孙子突然说想喝排骨汤，奶奶喜出望外，赶紧回家熬了汤，带到了医院。怕汤太烫，奶奶盛出汤的时候特意尝了一口，然后才递给了孙子。

谁知孙子把一碗汤都打翻了，把汤匙扔到了病房门外，大声跟奶奶嚷着："谁让你用我的勺喝了，说没说过我的勺谁都不能用，你脏不脏啊，算了吧，这汤我不喝了。"

如此没教养的孩子，本以为奶奶会暴怒。谁知道奶奶就像已经习惯了一样，赶紧给孙子赔不是，说马上就给他去买一个新的勺子，劝他把汤喝了。劝了好久，孙子才勉强答应。同事说，看着奶奶蹒跚出去买勺子的背影，突然感觉又可怜又悲哀。

可是又能怪谁呢，还不都是自己一手惯出来的。

现在好多职场人都吐槽"90后"，什么好高骛远，手高眼低，以自我为中心。造成这种现象的主要原因就是成长环境。年幼的时候，全家都围着一个孩子转，孩子每天过的都是饭来张口、衣来伸手的生活，不用努力就能得到想要的东西，做错了事情自然有大人替他们承担责任，没有人告诉他们，什么是教养，什么是责任心，这群人走向社会的状态可想而知。

我们单位有一个“90后”，明显就是被家里宠坏了的孩子。入职第一天的时候，部门经理介绍他的名字，向所有员工说了一些欢迎的话。正常到了这步，入职员工应该主动说些谦虚的话，什么初来乍到请多关照之类的，但是他没有，张口就问他的办公位在哪儿，然后径直地走向办公位，开始抱怨位置不好，阳光强烈，桌子上有灰尘，等等，给人的第一印象很不好。

工作上，更是把他以自我为中心的一面表现得淋漓尽致。对长辈说话从来不用尊称，一直喂喂喂的，叫得人很不舒服。他的工作完全按照他的时间来计划，他才不会在乎别人的工作进度，到时间该下班下班，一分钟都不会加班。

有次公司的集体活动，因为他家离公司比较近，部门经理就把公司钥匙给了他。第二天来上班的时候，他竟然一点儿都没有提前，像往常一样，踩点到公司。整个公司的人都站在门口，等待着他慢悠悠地上楼，悠闲地掏口袋——最后告诉大家，钥匙忘在家里了。

不能去公司取活动用的物料，整个活动的进程都被他耽误了。后来公司对他做了罚款处理，他很不乐意，本来早上开门就不是他的活儿，凭什么还罚他钱？

没有耐心，没有礼貌，没有责任心，不管公司怎么进行分组，所有人都不愿意跟他共事。因为没有什么出彩的业绩，人缘也不好，工作了好几年，眼看一起来的同事都已经陆续晋升了，依然没有他的机会，最后他愤愤不平地辞职了。

其实不用愤怒，换个单位他也是一样的。娇生惯养的人，在哪里都不会懂得付出，而没有付出，哪来的回报呢？

不管是养狗还是育人都是一样的，一味地宠溺并不是爱的最好表达，娇生惯养是这个社会最不看好的品质。有所敬畏，方能承担起责任，别付出了百分之一万的努力，最后养成了一只娇生惯养的狗。

成 长

老一辈有喜欢留东西的习惯，
总以为肯定有用上的时候。
其实不然，
这些没用的东西，
占空间成本，
收拾屋子有劳动成本，
不划算。
从收拾房间可以上升到人生的断舍离。

不经历迷茫，谈何理想

迷茫是孕育理想的母体，理想也唯有在迷茫的阵痛中才得以分娩。

强子是我的朋友，一个地地道道的东北人。他的普通话讲得流利而标准，但偶尔能听见他满口大楂子味的东北话。相比小县城里乏善可陈的生活，强子更向往大城市的繁华与热闹。所以毕业后，他去了一个省会城市。

强子的第一份工作选择了销售。大概对于一个刚走出象牙塔的人来说，这个行业门槛较低，又能最大限度地证明自身价值。强子初入公司时，是典型的拼命三郎，加班熬夜习以为常，经常饥一顿，饱一顿，有时甚至顾不上吃饭。也许在他的身体里，流淌的血液是狼性的，他想像西伯利亚高原的野狼一样，自由地驰骋在茫茫雪原上，做一只孤高却又强大的领头狼。

不过遗憾的是，强子所在的公司平台有限，销售的产品又不符合大众需求，所以在他们公司，即便是最好的业务员，业绩也不过一二十万。这对于一个没有底薪、仅靠提成生活的销售员来说，只能说差强人意。更何况，强子的业绩还没有达到这个数目。那微薄的、可怜的、仅够生活的薪水，与他的付出和努力极不匹配。尽管如此，强子仍然像河边的老水车一样，日复一日地辛勤工作着。

白天，他不断地打电话，联系客户，或亲自上门交谈，极尽善辩之能事。晚上，他学习销售技巧，制订一周计划表格。宿舍、单位，单位、宿舍，强子过着枯燥乏味、两点一线的生活。而他原本就少得可怜的假期，也被突袭的会议蚕食殆尽。

令人讽刺的是，强子的上司总是一副自信满满的样子，拍着胸脯向他们保证："公司的未来一定会很好，你们的前途一片光明，好好努力，加油干！"

也许，对于一个久经世事的人来说，他不会轻信无法兑现的空头支票。就像如果一个人现在都对你不好，你又凭什么相信他对你的海誓山盟呢？可是，像强子这样初出茅庐又单纯热血的年轻人，他是信的，也是努力着的。可惜鸡汤虽好，但不能补脑。人年轻时，不掉几个坑，不吃几个亏，脑子不进几次水，是学不会长大的。

整整一年时间，强子都生存在理想和现实的巨大夹缝中，看不到一丝光亮，但他仍然在这条巨大的黑暗的隧道中摸索前行，只是偶尔，他也感到疲惫和迷茫。

有时，他吃了闭门羹，拖着疲惫的身体，独自徘徊在车水马龙的街道，听着汽鸣声、喇叭声、小贩嘈杂的叫嚷声，可热闹是属于他们的，他只有无尽的失落和挫败感。

有时，他也会像老头子一样，静静地坐在阳台上的长椅上，点起一根烟，呷一口，看着忽明忽暗的火星，渐渐被风吹落消散四溢的烟灰。这寂寞的烟啊，如同这座寂寞的城市，快要湮灭他的满腔热血。

“咬咬牙，一切都会好起来的。”他总是这样安慰自己，在那些孤身一人、辗转反侧的夜晚。我曾问过强子他的理想是什么，当时他生硬地回答我：“赚钱。”

我沉默了，不知道该说些什么。

读书时我就知道他喜欢摄影，他梦想有一天，走遍山川湖海，跨过人山人海。可是，他买过的最好的相机，只是千元左右的卡片机；他去过得最远的地方，也在东北境内。

强子的家境并不好，即使在那座偏远的三四线城市，他的家庭收入仍然处于中下游水平。而在世俗的观念中，尤其是在那些经济落后的小县城里，男人赚钱养家是天经地义的事情，有出息和赚大钱是可以画上等号的，而一切不以赚钱为目的的理想，都是玩物丧志。

所以，对于强子来说，贫穷、家庭、社会期望是束缚在他身上的三道枷锁。要想成为一个旅行摄影师，他既无勇气，也无实力。理想终究只是理想，只能填补他的心，却不能填饱他的胃。当他费尽心力只换来一日三餐温饱，所有热情在披沙拣金的岁月中一点点被耗尽，也就再没勇气谈理想。

不过强子没有停下脚步，他在前进中迷茫着，也在迷茫中前进着。尽管我们不知道前路是好是坏，但如果能确信当下不是想要的生活，那为什么不试着换一个方向。如果你属于天空，那就不必学鱼深潜在水里。

刘同在《谁的青春不迷茫》中这样写道：你觉得黑暗就对了，那样你才分辨得出什么是你的光芒。你觉得无助就对了，那样你才能明白谁是你的贵人。你觉得迷茫就对了，谁的青春不迷茫？

是啊，人生本就是一个过程，不断迷茫，不断尝试，在一次次试错中，最终找到属于自己真正热爱的东西，那便是理想。最可怕的不是年老、力衰，而是人未衰，心已老，失去了探索的勇气。

幸好，强子没有放弃，他仍然在寻找诗和远方。一年后，他走了。离开了那家令他失望的公司，离开了那座令他伤心的城市，独自一人，跑到了北京。有时候，离开不是放弃，而是选择重新开始。一个充满未知数的未来，总好过一个止步不前的现在。

其实，就在他去北京前，还有不少人劝他，“别去北京了，没你想象得那么好，你能忍受蜗居在一个10平方米的地下室，能想象自己瑟瑟发抖地经过那些地铁口，能顶着惺忪睡眼熬夜加班加点吗？”

可是，再也没有比付出了全部心力只能换来一败涂地更坏的结果，比起那一年都在迷茫彷徨中度过，这些可预期的苟且又算得了什么。

幸运的是，强子在北京的同学接待了他，他没有机会住上别人口中的地下室。而且，强子找到了一个专业对口的工作，拍摄，采访，写稿。他挣到了比以前多得多的面包，也获得了更多的休息时间，所有的迷茫似乎就在那一刻烟消云散。

他明白了，做一个旅行摄影师和销售都不是他真正追求的。想做旅行摄影师，仅仅是因为爱好摄影，向往那种自由自在、无拘无束的生活方式，以及一旦成名后随之而来的巨大商业利益。而做销售，也不过是自己在穷酸落魄时，唯一能抓住的最快改变命运和阶层的救命稻草。

这些曾经他自以为的理想，尚未长出丰满的羽翼，就在残酷的现实面前夭折了。我们的迷茫也正是如此，我们总是不由自主地将理想与物质联系在一起，却久久找不到两者之间的平衡。如果理想只与物质相关，那我们每个人的理想，是否都应该是“睡觉睡到自然醒，数钱数到手抽筋”？可那不是理想，只是梦中的呓语。

真正的理想，不是简单的爱好，也不是为了谋生或赚大钱而突发奇想的一个念头，而是在与现实的一次次碰撞中，过滤掉那些不切实际的幻想，跨越了无数迷茫而诞生的。

你之所以迷茫，是因为走到了三岔路口，你可以选择其中任何一条道路，选择多了，自然迷茫；而不是困于牢笼的囚鸟，只有逃出牢笼这一个选择。也许它误以为这是它的理想，殊不知，那只是出于本能。或许有人自始至终都不曾迷茫，那是因为他从未走到那条三岔路口，他别无选择，又谈何迷茫？

前不久强子告诉我，他到北京两年了，终于不再为生计而发愁，渐渐站稳了脚跟。他确信自己能成为一名优秀的新闻记者，用镜头记录下那些平凡的瞬间，用平实的笔触报道事件，尝遍人世间的喜怒哀乐、离合悲欢。

有一次，强子发了张朋友圈，地点是在他采访的一家美术馆里。照片上的他神采奕奕，满脸笑容。我很庆幸，强子找到了他真正热爱，并愿意为之奋斗一生的事业。虽然他也曾说，北京不断上涨的房价，就是为了淘汰一部分人，但我知道像北京这样的城市，不仅有一幢幢拔地而起的高楼，也不乏像他一样怀抱理想，想要凭自身努力改变自己命运和阶层的人。我也相信，生活总不会辜负每一个为之奋斗的人，北京也会留下那些孤独而又强大的灵魂。

这些已经走出了迷茫的灵魂，以后回到三四线的小县城里也好，继续留在北上广这样的大都市发展也罢，他们都能按照自己喜欢的方式过一生。

一个以种花为生的花农，如果有能力种下玫瑰、郁金香、满天星，也知道种玫瑰和郁金香能给他带来更好的收益，可他却只愿意种下一园的满天星，我想这便是理想。而他曾经也在为种植何种花儿迷茫，甚至还在为是否成为一个花农而迷茫。

永远不要害怕迷茫，那是你脱离稚嫩、渐渐走向成熟的一个标志。你迷茫时，就问问自己，你到底是怎样的人，到底想过怎样的生活，到底想拥有一个怎样的人生。经历迷茫，才知道何为理想。

35 岁想学吉他，晚了吗

小时候，吉他一直是季风的梦想。

季风是我的发小，从小玩儿到大。5 岁的时候，我们在马路上看到一个流浪歌手弹着吉他唱着歌。那时候我年纪小，对这种事情也不关注，就直接从歌手旁边跑了过去，但走了一会儿突然发现，季风还在原地。

跟往日生龙活虎的他不同，季风就站在流浪歌手面前，听他唱完一首又一首。歌手觉得季风挺有意思，还让他摸了摸他的吉他。

回家之后季风跟我一本正经地说，他想要学吉他，他以后也想成为一名吉他手。

一般来说，小孩子的话就是随便说说，然后随便听听，过段时间他就忘记了。很奇妙的是，季风没有。从小学到初中到高中到大学，季风听的音乐都是摇滚，国内外的摇滚乐团他如数家珍。从录音机到随身听到 MP3 再到手机，他听的音乐永远是吵吵闹闹的。他能分辨各种品牌的吉他，说起吉他来能眉飞色舞地说上半天，不知道的肯定以为他是一名专业吉他手。

但是他最后却没有成为一名吉他手。

季风的妈妈想让季风和她一样，成为一名教师。妈妈从小就特别重视季风的学习，一切与学习无关的事情都是明令禁止的。音乐是悄悄听的，乐理是偷偷学的，他在上大学之前都没有过自己的吉他。

终于他如愿考上了名牌大学，季风的妈妈高兴坏了，问季风想要什么礼物做奖励。18 岁的季风说想要一把吉他，这次他妈妈很高兴地同意了。

可惜，吉他还没买回家，季风的爸爸出事儿了，他的公司被人骗了。骗子虽然被绳之以法，但是他爸爸欠了一堆外债。追债人上门把值钱的东西都拿走了。从此他爸爸借酒浇愁，走不出失败的阴影。养家和供季风上学的重任，都落在他妈妈一个人的肩上。

懂事的季风再不敢任性，为了减轻妈妈的负担，开始勤工俭学。他只期盼着快点儿毕业，能够赚钱养家，让妈妈少吃点儿苦。当然，他再也没提过吉他的事儿。

现在的季风，并不是一名老师，当年觉得老师赚钱太少，而家里缺钱，他选择了下海经商。如今他是成功商人，家里的经济条件好起来了，也不用他妈妈赚钱养家了。

前不久跟季风吃饭，聊起了当年季风对吉他的痴迷。就问了一句，现在他有时间有精力，经济也允许了，他还想学弹吉他吗？

季风哈哈一笑，说他是想学啊，当初对吉他都到了痴迷的地步了。但是现在不行咯，老咯，都 35 岁了，吉他得从小学起，晚了，他再学不成吉他了。

35 岁再来实现梦想晚了吗？当然还不晚！

2015 年，南京有位 86 岁的老爷爷参加高考。他的名字叫汪侠，在交警的搀扶下进入高考考场。从 2001 年高考取消年龄限制之后，他就在一直参加高考，而今已经参加了 15 次高考。或许他年轻的时候没有通过高考是个遗憾，几十年后，他弥补了这个遗憾，为了圆这个梦想，多少年都不晚，一直都不晚。

我老妈 50 多岁了，柴米油盐了大半辈子。她小的时候，正好赶上了动荡时期，学习都要偷偷地学——那时候的人把学习当成没有用的事情。老妈是班级的班长，各方面都深受老师喜欢，当然也包括学习。

老妈特别喜欢看书，可惜没有什么机会读，书店里的书她买不起，学校里又没有什么书可看。她还喜欢写字，她写的字字体娟秀、工整。她想学毛笔字，但是根本没什么笔墨纸砚。在那个吃饭都成问题的时代，千万别提什么梦想，否则别人会以为你精神不好。

老妈学校有个语文老师，对书法很有研究，看着老妈的字，不止一次感到惋惜。他对老妈说，如果能生在和平年代，老妈很有可能成为一名书法家。

后来老妈嫁人了，再后来有了我，我就一直是她生活的重心。我小时候特别不明白，为什么老妈必须让我学书法，从小她就让我练字，给我报书法班，每周敦促我练字——但是我却并不喜欢书法。

也许没有遗传到老妈优秀的基因，现在我的字也只能算工整，孩子没有完成她的梦想，她看起来挺失望的。等我大学毕业了，有了自己的工作，老妈身上的担子终于轻松一些了，这时候她却也50多岁了，不年轻了。

但是，老妈现在的生活却丰富多彩，没有生活的重压，她有时间做她喜欢做的事情了。参加徒步协会，邀上好友在图书馆一坐就是半天，还有她最爱的书法。

我过年回家，家里已经完全没有我的“领地”了。我的床被撤走了，变成了一张大桌子，一个靠墙的落地书架，上面装满了书。四周的墙上全部都是毛笔字，桌子上还有没写完的毛笔字。嗯，这个房间早就不是我的卧室了，是妈妈的书房。

按照她的话说，她的前 50 年是为了她的父母和我活的，从现在开始，她应该为自己活了。以前做的工作，满脑子想的都是怎么赚钱，怎么才能让这个家过上更好的生活，从不去想这份工作她到底喜不喜欢；做好了这份工作，能不能更加接近她的梦想。

现在她不用想那么多了，如果梦想是遥不可及的，那她在 50 多岁的时候选择奢侈一次，伸伸手够一下她的梦想。如今的她，很幸福，很满足。

只要你心里有梦想，什么时候实现都不晚。讲了这么多故事，目的就是鼓励季风坚持他小时候的梦想，告诉他现在学习吉他一点儿都不晚。

季风真的去学了吉他，在吉他班中，他几乎是年龄最大的了，教吉他的老师都比他年轻。那时候季风天天发朋友圈，他又买了新吉他，他要去参加演出，他要去考级，他要弹吉他给他的老婆听。

又过了一段时间，季风的朋友圈恢复了平静，他再也不发有关吉他的东西。

有次见面聊起了这个话题，他说不行了，现在精力真的是不够用。刚开始的时候当个爱好还可以，学了几天，公司开始忙起来了，没日没夜地开会，回家别说碰吉他了，老婆他都不想碰，就希望能蒙着被睡个三天三夜。

过了一段时间公司不忙了，可他再也没有拿起吉他的欲望，吉他就像是他儿时的一段回忆，想象中是美好的，但终究会随着时间尘封在记忆当中。

或许梦想是有时效性的，不能一概而论。参加高考的老爷爷和学书法的老妈，是年轻的时候有一段遗憾，现在为了弥补这个遗憾才会如此执着。现在的我们，都有自己的生活，每个人都有要奔赴的未来。我们儿时的梦想，因为种种原因无法实现，真到了时间和经济条件都允许的时候，面对梦想我们总是摆摆手说现在太晚了。真的晚吗？只不过是说这句话的时间、地点的问题，以及你这个人早已对曾经的梦想没有那么多期待了。真正怀揣梦想的人，不管到什么时候，只要提起梦想，就会眼睛发光的。

35岁的季风，不是没有了梦想，他现在的梦想就是经营好公司，努力赚钱，事业有成，家庭美满，这时候他的梦想和小时候已然不同。如果他现在不去完成他拼搏事业的梦想，50岁的季风的梦想又将发生变化。

当下的梦想是如此可贵，但是可悲的是现在有很多人，都在扼杀掉下一辈的梦想。

前不久一个亲戚找到我，说她姐姐家的孩子要考大学，让我帮着参谋参谋什么专业前景比较好，毕业之后容易找工作。我说不应该问问孩子的想法吗，要上大学的是他，以后要工作的是他，这些决定不应该大人帮忙做。亲戚说，这么重要的事儿不能听孩子的，他能懂什么。毕业以后从事的工作和大学的专业都不对门，专业我们给他选一个就好了。

确实，生活中有很多无奈，梦想总是留给年轻人的。十八九岁的时候，凭借着那股初生牛犊不怕虎的劲头，年轻人有很多很多的梦想，立志做的事情都很伟大。慢慢地，走向了社会，发现梦想并不能当钱花。后来生活的压力越来越大，上有老、下有小的重担在身，让人没有时间谈及梦想。工作、赚钱为主，梦想又算什么东西？人们变得越发现实。可怕的是不仅你现实了，你还把你的现实加到孩子的身上，让孩子不去追寻自己的梦想。

是啊，小孩子懂什么呢，最后按照大人的想法生活，把自己的梦想掩埋，等到 30 多岁的时候，也以“晚了”为由放弃梦想，如此再去教育下一代。这种思想往复循环，最终没有梦想的一代，终究会成为没有梦想的民族。

话说回来，35 岁学吉他到底晚不晚，有些事情晚了，但有些事情却不晚，这要就事论事。

一生其实很长，在每个阶段，我们都会有自己想要做的、想要得到的东西。有的人一辈子只有一个目标，每个年龄段的欲望都不一样。就像上幼儿园的时候，我们的梦想是得到最好吃的糖果。等到大了一些，我们的梦想是考高分、考大学。真正到了大学，梦想就变成了找一份好工作，追求心爱的姑娘。等到家庭事业双丰收的时候，我们的梦想就是看着孩子健康地长大。

对于一个中年人来说，得到最好吃的糖果和快快长大，虽然是小时候的梦想，但对于现阶段来说就不算是梦想了。假如小时候没有得到最好吃的糖，那就成了遗憾，这个遗憾很难弥补，总不能人到中年还把糖果当成梦想。你不能说中年人没有梦想，只不过有了当下的梦想。

梦想是非常宝贵的，有梦想的人有对未来的憧憬和明天的希望。当下的梦想，在有条件的情况下，就要去义无反顾地实现，不要等到过了这个年龄段，让曾经的梦想变成难以实现的遗憾。

高效和低效，到底差多少

我的家乡在一个小城，不出名，在地图上不断地放大放大，才能找到它的名字。交通不发达，不通动车、高铁，每次想回家，都要坐K字头的火车，晃悠十多个小时，晃得无心看眼前的风景，一心盼着时间快点儿流逝。

从小我感觉身边的人也慢悠悠的，车慢慢地开，上班上学慢慢地走，去窗口单位办点事儿，没有一个月根本办不下来。银行的工作人员，慢悠悠地数钱，一小口一小口地抿着茶水，说话都是慢吞吞的。

这并没有什么不好，小城里的人都已经习惯了慢吞吞的生活。

大学毕业之后，我来到了北京。有一点改变是特别明显的，就是生活节奏一下子变快了。绿灯就那么短的时间，你要是走得慢，百分之百就过不去了。去银行办张卡，输入个信息几分钟就可以走人，稍微慢了点儿后面就有人催促。坐地铁嗖嗖地几十分钟就从一个城区到了另一个城区。去谈客户，一不小心慢了几分钟，那么，不好意思，客户已经和别家签约了。

随便在哪个写字间里，都会感觉到身边人来人往，脚步匆匆，有时候还有人一路小跑。站在某个快餐店门口，几乎 20 来分钟就会出来一批人，没有人会在午餐上浪费太多时间。站在大街上就有种感叹：这真是个高效的城市。

高效和低效的城市，最大的差别在哪里？嗯，看看 GDP 就明白了。

一个老板朋友前几天在跟我抱怨，现在的员工真的是可以了，到点儿就下班，一分钟都不愿意多待。离下班还有几分钟的时候，居然就有人在打卡机前面排队。5 点钟下班，5 点零 5 分他出办公室，发现外面已经一个人都没有了。

我问他，那你的员工把自己分内的工作都完成好了吗？

朋友想了想说，公司的工作流程倒都是在按部就班地进行，没有什么异常的地方。而且时不时还有一些员工，能够为部门发展、公司建设提出一些意见。

要是这么说的话，我就要恭喜朋友招到一群高效的员工了。在下班之前完全能够把自己手头的工作高效地处理完，这绝对是幸事，并没有什么可抱怨的。同样的工作量，难道那些下班之后还要加班的人就应该受到赞扬吗？因为工作效率低伸手管你要加班费，这个钱你拿得痛快吗？

朋友听完了觉得有道理，回去还开了大会表扬了他的员工，并且鼓励员工高效率完成工作，有精力还可以多多关心公司的管理建设，为以后升职做准备。有了这样开明的老板，员工的工作效率当然就会更高了。

我曾经在一家公司就职，刚去几天就发现整个公司的气氛都不太对。员工之间互相没有什么交流，说话都带着浓浓的火药味。若要有人吭声，肯定就是骂某某某员工事情没有办明白，给他造成了什么额外的工作量。要不就是骂某某某又请假了，把活儿推给了他。

上班的时候打游戏、看电视剧、刷微博，下班的时候没有一个人动地方，老老实实地坐着等着加班的领导下班，然后才慢慢开始回家。有次周五，本来一天都没有什么工作，到了下班的时间我准备拿包走人了，才发现居然所有人都在看电视剧。后来才知道，那天晚上加班有两倍加班费，所有人都在为了加班费看电视剧。

随着工作的深入，我渐渐地明白为什么这里的人火药味都那么浓了。领导布置一个工作，不管布置给谁，那个人一定找各种理由推脱。明明已经闲到百无聊赖了，非要说成忙得不行，把手里的活儿推给另一个人。而另一个人接受了这个工作，再次分配给他工作的时候，他就会再推给别人。工作没有多少，甚至5分钟就可以完成，钩心斗角地推脱工作可能就要两个小时，在唇枪舌剑的过程中，员工之间的关系自然就不会好。这种工作模式，听着就感觉特别累。

后来我果断地离开了那个公司，明明两个小时就可以完成的工作，在那个公司可能要做上两天。实则微博已经刷到快背下来了，还要装作很忙的样子。那种不努力、不上进的负面情绪是会传染的，时间长了，可能就对一切工作都失去兴趣了，当工作变成了混日子，那是多么可怕的事儿。

我当时公司隔壁的另一家公司，却是另一个场景。因为两家是同种类型的公司，趁中午午休的时候，我也偶尔去隔壁公司“串串门”。中午看到他们公司所有人的状态都是其乐融融的，员工们分享着昨天看过的视频和早上听到的新闻。

而当我工作时间到他们公司的时候，每个人都是很严肃的工作状态，几乎没有人看视频或者玩游戏。加班？他们也经常加班。不过也是高效地完成没处理完的事情，没有事情的早早就回家了。我很少见过他们有集体加班的时候。

高效和低效的公司，差别就在于我们公司的客户全部被隔壁公司“抢”走了。其实大家心里都明白，隔壁公司根本就不用抢，客户看看员工的工作状态，就知道该选择哪家了。

效率，对于工作和学习来说，都太重要了。高中的时候，同样是一个班的学生，有的高考名落孙山，有的被名牌大学录取。天才在这个社会还是很少见的，导致这一结果的原因就是效率。

高效的学生并不需要学习到很晚，但是他们知道自己的学习任务是什么。规定一个小时要做多少数学题，那么这一个小时，不管发生什么事情，他都会关掉手机、关掉电脑，心无旁骛地做题。而低效的学生，很容易被外界事物打扰，讲好的做题，一会儿看看电视，一会儿动动电脑，时间就那么溜走了。

最后的结果就是高效的孩子三个小时完成了低效孩子一天的学习量，晚上10点，高效的孩子去睡觉了，以保证第二天的学习效果。而低效的孩子熬夜到凌晨两点，第二天昏昏沉沉地去上课，困得直打瞌睡，根本不知道老师在讲些什么。

我高中时候的同桌，就是一个特别努力的学生，却并不讨老师喜欢。就像我上面说的，上课的时候，她永远在打着瞌睡；下晚自习，她永远最后一个走。非常奇怪的是，她的练习册一直都是空的，作业也交不上。有天我问她，为什么每天都在看她学习，但是却看不到一点儿成果。她说她看到书上说学习就要坚持，于是她就开始坚持。坚持每天晚上最后一个走，就算是一点儿没有学习的劲头了，她也要最后一个走。比如说一定要做语文练习册一节课，即使她特别不想学语文，她耗时间也要把这节课耗完。

不实实在在地学习，而一味地追求仪式感。你努力得都快把自己感动哭了，然而，你还在原地踏步，学习不好就变成必然了。

想要实现高效的工作和生活，最重要的一点就是心无旁骛。针对每天、每月、每年都制订详细计划，按照计划进行生活、学习、工作，并且在做一件事的时候，排除其他所有外界干扰，坚持自己的行事原则，这样才能最有效地提高效率。

小 B 应该就是我身边最有效率的人了，因为工作原因我们经常一起开会。我始终记得第一次和她一起开会时候的事情。那次会议相当于一次茶话会，有吃有喝，有说有笑，特别轻松。

领导就是让大家聊聊最近工作中发生的事情，需要得到什么帮助，也讲了未来工作的一些部署和安排。

虽然开会气氛很轻松，但是还是有很多人拿起本子在记录。会议快结束的时候，领导就问大家都记了什么。

有一部分人就是有随手记录的习惯，不管大家说了什么，他都喜欢在本子上写写画画，有的时候并不知道在写些什么，甚至有些时候在画动漫。说实话有时候的开会内容挺无聊的，这样也可以理解。

还有的人生怕漏掉了什么会议中的重要内容，本子上就记领导说的话，分条记，会后再慢慢看，这应该是大部分员工在开会时的记录内容。

最后看小 B 的本子，当时我的第一感觉就是很吃惊。她的本子列成了三条，第一个是关键词，第二个是目前完成情况，第三个是未来工作规划。在短短的会议时间里，她就这么听着员工和领导一来一回地说着，把这些表格全部都填满了。干净利索，井井有条。在未来工作规划中，她还写好了预计完成时间，以及在完成中可能遇到的问题。当然，这些问题她都在会议上询问了领导解决方法，并和与会人员讨论了方法的可能性。

一次会议下来，低效的人只是开了一个无聊的会而已，并没有什么太大的收获，再次回到工作岗位上的时候，有些人可能都不知道接下来该做些什么。正常效率的人，回来再花费和会议一样的时间看会议记录，由此揣摩领导的心思，但有解决不了的问题的时候，只能去硬着头皮问领导，或者是先默默地把工作做了，一旦和领导想要的结果不符，再重新制订工作计划。

而像小 B 这种做事高效的人，一场会议已经几乎解决了她所有工作上的问题。回到工作岗位，马上就可以开始工作。乍一看这就是一场普普通通的会议，但是这么一场场会议下来，小 B 在完成工作之余，节省了不少时间。节省下来的时间她就可以用来提高自己的专业水平，学习一些管理上的知识，为以后做管理工作做准备。在公司进行调岗升职的时候，小 B 当然就占据了绝对优势。

其实不光是工作上，生活上的各方各面都有高效和低效的例子。谁都知道用吸尘器比用笤帚扫地快捷方便得多，用洗衣机洗衣服比用手洗省力得多，用刷碗机刷碗比一个个用洗碗布刷来得快。人生的时间很有限，高效地进行学习和生活，这样才有时间做你感兴趣的事儿。所以既然能高效，就不要浪费时间了，高效的人生会让你收获更多。

你那个证书能当饭吃吗

我有个朋友，大学毕业之后一直待业在家，偶尔也发朋友圈卖卖东西。前几天突然跟我说，她想考司法证，现在已经买了一大堆书撸起袖子准备复习。

这本来不是什么稀奇事儿，有志向是个好事，得支持。关键我这个朋友大学是学园林的，当初期末考试背题都把她为难得够呛，现在咋突然对法律感兴趣了呢?

说起这个事儿，她马上打开了话匣子。大学刚毕业的时候，她找了一份工作，但实在无法适应朝九晚五的生活，果断辞了职。回家看着微商挺有前景的，坐在家里就能赚钱，就选择了微商这条路。

生意好的时候，忙得不可开交。生意不好的时候，好几天都无人问津。毕竟在家里工作，空闲时间可以自由利用。按照朋友的话说，她不是喜欢法律，而是觉得考司法证以后比较好就业。

司法考试，国家第一大考，难度可想而知。朋友觉得只要她考上了那就不愁吃穿了。就这样，她信心满满地开启了她的司考之路。

暂且不说她能不能考上，就说不愁吃穿的这个想法，就觉得太可笑了。怎么会不愁吃穿呢？司法证就只是一个证书而已，去找工作顶多算是一块敲门砖。以后不管去做律师还是法官，那都是一个职业，都需要每天按时上班下班、兢兢业业地工作。或许收入会比其他职业好一些，但从本质来讲，都是一份谋生的工作罢了。

事实证明我想多了，因为三个月后，她就已经把司法考试的书扔到一边儿了。朋友说，可能她真的不适合司法考试，那些条条框框简直让她崩溃，一个字都记不住，背完第二页忘了第一页，看完整本书都不知道讲的是什么。

当然了，她非法律科班出身，法学的基础知识她一概不知，加上对法律一点儿兴趣都没有，光是为了考证而考证，其结果当然是事倍功半的。

我看到身边好多朋友都为了考各种各样的证而努力，大学的时候，更有老师告诉我，少一证不如多一证，没事儿的时候就要多学习考证，未来的就业面才会大一些。

所以不喜欢英语的我，每天都在准备大学英语四、六级，虽然证书考下来了，但几天前在电梯上碰见个问路的老外，他咕噜咕噜半天，我一个字都没听明白。

那时候大家都在考什么计算机二级证书，脑子一热也跟他们去了。记得那时的课程是 VF，讲的是什么程序算法。跟着老师一起死记硬背，恨不得一个字母一个字母地记下来，压根儿不理解题目是什么，看见哪个题目眼熟就选哪个，上了一个学期的课，连抄带蒙地过了。

结果有什么用呢？作为一个文字工作者，Office 软件都没用明白，哪个公司会关心你计算机二级有没有过呢？况且一个连高数都不用学的文科专业，就算你拿着计算机二级证书，谁又会相信你是自己考过的呢？

还有什么注册会计证书、PS 操作证书现在都乖乖地躺在我的箱底，一次都没有用过。到现在我都不知道，当初浪费那么多时间考的证书到底有什么用。

不得不承认，在中国，各种各样的证书确实是找工作的敲门砖。企业为了更好地进行人才筛选，总是以一些证书作为门槛，过滤掉一些人。但是，这条大部分针对没有工作经验的应届毕业生。但凡工作一定年限的人，丰富的工作经验，绝对比一纸证书有用得多。

如果你是 HR，面前一个是在世界 500 强工作了三年的本科生，这个本科生具有多个大型项目的操作经验，已经开始独立带团队了；而另一个是 985 大学毕业的硕士研究生，同一个岗位，你选哪个人？

毫无疑问是本科生啊，不用多废话，项目成果就证明了工作能力。倒不是考研不好，在工作经验相同的情况下，HR 是会先考虑研究生的。但是，不好意思，学历和工作经验相比，大多数 HR 都会选择更有工作经验的人。

中国人热衷于考证。和考初中、考高中、考大学一样，应试教育思维在国人的脑海中已经根深蒂固了。大多数人都为了考试而考试，最后渐渐忘了考试的目的。考试，不是为了获得最后的一纸结果证明，而是真正意义上掌握一定的本领，在以后的学习和工作生活中派上用场。

初中高中的时候，老师总愿意说这样一句话："这道题每年高考 / 中考都必考，大家一定要背下来。"于是讲台下的学生就开始死记硬背，压根儿不知道什么算法定理，甚至是一个数字一字母地往脑袋里灌。最后在考试的时候出了笑话，看到题目相像就把背诵的结果写在了卷子上，殊不知题目已经更改了数字，批卷的老师哭笑不得。

现在回想回来，当初的必考题你又记得几道呢？当年的语数外理化生，对于我现在的职业来讲，有用的莫过于几个物理的生活常识，知道电路是串联的还是并联的，其他的早就忘在脑后了。而在高考的时候，那试卷就能决定一生的命运，这么想还是蛮可怕的。

在中国教育的大环境下，这种思想在学生考学的时候，毫无疑问是适用的。但是走向社会如果还带着这种想法，那就显得可笑了。但遗憾的是，现在的大多数人，还真难以挣脱这种思想的束缚。

现在的教育市场上，各种证书的培训班比比皆是。记得当初去过一个 PS 培训班，试听了一节课。发现整堂课老师讲的东西，全部都是哪年 PS 证书考试考到了哪道题，那道题第一步点什么第二步点什么，学生都在闷头记，与老师没有半点儿互动。

这些人就算最后背下了整个题库，考取了 PS 技术证书。但又有什么用呢，甚至有些人连什么叫作建图层都不懂，以后就算拿着那个证书找工作，企业又不傻，真到了上机操作的时候，不管你的证书多么有含金量，实际操作不出来，你的证书就是废纸一张。

相反地，有些人没有证书，但是具备了 PS 操作水平。一张大神级的 PS 作品，一张 PS 技术证书，在两者之间选择，哪家的 HR 都会对前者感兴趣吧。

前几天无意中看到了一个同事的个人介绍，最惊讶的是看到他在学历一栏赫然填着“研究生”。这个同事已经在被解雇的边缘，工作干了 4 年，工资一次都没有调过。这也不怪公司，这个同事上班是有一天没一天地上着，各种请假理由特别奇葩；自己的活儿想方设法、绞尽脑汁往外推，更别说为别人分担工作，或者是为团队建设提供意见了。后来才知道，当初招聘他进来，就是看中了他的研究生学历，并没有对他的工作技能进行充分考核。HR 跟我说，招到他，她也很无奈。

在他旁边就有个特别鲜明的相反的例子。在他右侧的办公位，那个员工连高中都没上过。农村家庭不怎么在乎学历，家里人给他规划的人生也是当一辈子农民。但是他不愿意，他对种地没有一丁点儿的兴趣。叛逆的年龄，一个人，一个背包，成了北上广的异乡人。

刚到我们公司的时候，他是一个仅希望提供食宿、不需要工资的学徒。但是他却比任何一个人都要勤奋，第一个到办公室，最后一个走。在他的世界里，根本不知道要考什么证书，他只知道，以后工作需要什么，他就要学什么。别人没空教他，他就在旁边偷偷地学、悄悄地记。他有个厚厚的本子，里面写满了工作当中遇到的问题，每次开会轮到员工发言，别人都低头不语，他能侃侃而谈。

这种人当然很快就能得到领导的赏识，毫无意外，他在公司三年工资就超过了六位数，五年实现了职位三连跳。

证书能得到的工作只是一时的，能力决定你在一个岗位上能否走得长远。这两个员工的例子说明的道理，再明显不过。

很多同学在大学的时候挺迷茫的，跟我说在大学里自己可以支配的时间很多，不想浪费时间，到底需不需要考一些证书。证书，有时间当然可以考，但在你考证之前，得明确你为什么要考这个证，对你未来的职业规划有什么帮助。

第一，不要盲目地去考证。别听信了亲戚朋友的话，觉得某某证书考下来，就一辈子吃穿不愁了。有些证书确实含金量很高，但越是含金量高的证书，考取就越发不易。考证是一项技能的学习，而不仅仅是一个目标。搞文学的人考注册会计，就算考下来了又有什么用呢？白白浪费大把时间罢了。

第二，你到底未来想做什么职业。你应该有个长远的规划，确定未来职业之后，就应该考虑要胜任职位，需要具备什么技能。在还没参加工作之前，学习基本技能，考取对应的证书。已经在岗时，继续考取对该职业的深造有帮助的证书。

第三，没有任何一种证书能够当饭吃。这一点必须明确，除非你的证书单纯就是一块敲门砖，能为你带来所谓的“铁饭碗”。但从现实意义上来讲，随着体制改革的实施，事业单位逐步转变为合同制，现在看似铁饭碗的工作，也未必是一生的保障。你要做好就算证书考下来也并没有什么用的准备，找工作还是要靠本领。

这个社会上有形形色色的人，有些人喜欢把命运牢牢地抓在自己手里，而也有一些人信奉听天由命。每个人的选择不一样，最后的结果往往也不相同。一些人过上了自己想要的生活，另一些人过上了别人希望的生活。

人生的路很长，人们都是习惯于匆匆赶路，很少有人愿意停下来思考方向。低着头，跟着大部队前进，很有可能就走上了南辕北辙的道路。努力了很久，拼搏了很久，一抬头，发现并不是自己想要到达的目的地。

用心想想，哪些事情是你愿意做的，哪些东西是你想要的，不要看着别人做什么就去做什么，不要为了考证而考证。你所做的一切，完全都是为了未来的自己，就算在人生的路口徘徊，你也别一时冲动贸然地选择一条路，否则你因为纠正道路而浪费的时间，会远远超出你的想象。

都什么年代了，你还拒绝推销

随着电子商务的不断发展，商品销售竞争越发激烈。产品越来越难卖，顾客变成了尊贵的上帝。为了能让上帝更好地了解产品，从而达到购买的目的，推销员这个职位就应运而生了。

说到推销员，可能会让很多人头疼。马路上、商场中、上门推销、火车上、汽车上……他们无处不在，只要你有闲暇无聊的时间，他们就会迅速地出现在你面前，向你展示他们产品的外观、性能和你非买不可的绝妙特点。

一般你见到推销员的第一反应是什么？觉得推销没好货，太烦人了，赶紧拒绝。同事小牧就超级讨厌推销员，每次推销员来公司推销，她马上第一个跳起来，把推销员赶出去。马路上看见发传单的推销员，干脆看都不看，充分展现出她的女神范儿，从推销员旁边趾高气扬地走过去。

她对推销员这份工作成见很深，甚至有人给她介绍相亲对象，她一听对方是推销员，立刻就火冒三丈，觉得她朋友看不起她，居然把推销员介绍给她。按照她的话说，年纪轻轻的干点儿什么不好，非要去干那些忽悠人的工作，在马路上黏到一个人就不放手，非得让他们花点儿钱才好，这不是大骗子吗？

推销员推荐的东西都是骗人的，这似乎是老一辈给我们灌输的思想。的确，曾经的推销员确实如此。在电子商务还没有兴起的时候，人们主要的购物方式就是去实体店购买。那时品牌店很少，大部分都是百货商场，同样款式的衣服会有好几样，挑来挑去都挑花了眼。有经验的长辈就告诉我们，千万不要相信营业员推销给你的东西，那些东西都是他们卖不出去的，要相信自己的眼睛。

慢慢地，就有人开始上门推销了。这时候长辈们又开始分享他们的经验了，千万别给开门，危险不说，他们的东西都是“三无”产品，去哪儿上的货都不知道，你敢用？你敢穿？而且商店里都有的东西，为什么还有人给你送上门来，肯定他们把送货上门的钱都加到里面了。不要买，那群人就骗你们这些不爱出门的冤大头呢。

乍一听，很有道理，尤其是在那个没有互联网的时代，这种说法基本是没有错的。但如果现在的你还拒绝推销员，那你可真就是想不开了。

互联网深入生活，电子商务飞速发展，给实体店造成了严重的冲击。电视购物、网站购物、微信购物……多种多样的购物形式让消费者的选择更加多样化。商品的琳琅满目，让消费者更加挑花了眼。商家想要让自己的产品在市场上有竞争力，多数会选择扩大宣传。宣传的方式多种多样，大到选择明星代言、电视剧植入广告、冠名电视网络娱乐节目，小到发传单、印名片积分卡、开展一些优惠活动，在现在的市场环境下，推销只是一种普通到不能再普通的宣传形式罢了。

网络购物在最开始的时候也是不被信任的。消费者的顾虑起初是不信任网络付款，实名制购物的网站需要提供身份证、银行卡信息，消费者怕这些信息被盗用。在网上银行普及后，支付宝、财付通等支付平台能够保证消费者的资金安全，这种顾虑就被慢慢打消了。

后来，网站上的商家越来越多，商品的样式款式种类繁杂，价格也高低都有。这时候消费者的顾虑就变成了网购能否买到质量好的商品。不去网站去实体店买吧，价格又确实很诱人；在网站上买吧，又怕质量不好对不起价钱。这时候你就希望既能享受到便宜的价格，又能看见质量。结果推销员上门了，你却想都不想就给拒绝了。

你就说说，你是不是傻。

就像当初不接受电子商务一样，现在大多数拒绝推销的人，就是不能适应这种新的购物方式。但这种上门体验购物迟早会成为未来消费方式的主流。以前我们总怕在上门推销的人那里买贵了或者是买到假货，那是因为获取信息的方式太落后，想要比价格或者验真伪，只能去实体店才能做到。现在就方便多了，拿着APP扫描可以立刻比价，不怕买贵了。而且一般现在的推销员多会留下自己的联系方式，大公司的推销员所销售的产品售后服务并不打折。

同事小牧最近对推销员有所改观了，因为发生了两件事情。

第一件事情比较尴尬，公司开茶话会，其实也就是一群人闲聊。聊着聊着就到了推销这个话题上。不喜欢推销员的小牧打开了话匣子，说现在的推销员可真是的，怎么甩都甩不掉，还说了她去哪儿购物，推销员怎么跟她推销商品，她是怎么拒绝的。

她说完了，其他的同事并没有接话，空气仿佛凝固了。还是总经理说了几句，他说推销员没有什么不好，就算不买他们的产品，也应该学习他们的精神，这种精神用在工作上定能提高效率，诸如此类，然后这个话题就过去了。

散会后有同事提醒小牧，总经理的第一份工作就是推销员，他在员工大会上分享过推销员时代的经历，只不过小牧来得晚不知道。小牧瞬间石化了，除了感觉到尴尬之外，更多的是感到敬佩。毕竟现在总经理事业有成，而他居然是从一个小推销员开始白手起家的。

第二件事是因为有次小牧买了件新衣服，刚挂在衣柜上，一不留神她家的狗狗打翻了墨台，墨汁溅到了那件新衣服上。小牧特别心疼，用了各种各样的方式都没有把墨汁清洗掉。

她来单位跟同事抱怨起了这个事儿。单位有个女同事建议她可以试试上次推销员来公司推销的产品。那个推销员推销的是个类似于衣服清洗剂的东西，说这种东西不会损伤衣物，但是推销员刚说了一半就被小牧粗暴地打断了，说她正在忙不要打扰她的工作，推销员留下名片就悻悻走了。

小牧抱着将信将疑的态度给推销员打了电话，那个清洗剂不贵，10元钱一瓶，可以用三四个月，小牧想买一瓶准备回家尝试一下，推销员下午就给小牧把产品送来了。第二天上班，小牧包还没放下就跟同事们说简直是太神了，本来没抱多大的希望，拿着“死马当活马医，反正溅了墨汁的衣服也穿不了”的态度试了一下，过了10分钟，居然一点儿墨汁的痕迹都没有了，而且衣服还是完好的。

推销的东西也不错啊。从那儿以后，公司里再来推销员，只要在工作不忙的情况下，小牧都会听一听，偶尔也会买一些东西回去，效果都挺让小牧满意的，这回小牧是彻底放下对推销员的偏见了。

就像网络购物一样，同样的东西，网站上卖得比实体店便宜，不是因为质量不好，产品也都是真的，只不过网络平台节省了店铺的费用，省下来的钱就在产品上体现了。而推销员售卖的东西之所以便宜，也是这个道理。推销员一般都是从厂家直接拿货，少了中间供货商的流程，这样就能够以最便宜的价格卖出，从而增加销量。

有一次，在地铁上，有一站上来个小伙子，背着背包，穿着白衬衫黑西裤。当列车开动的时候，他大声地喊：各位哥哥姐姐大叔大婶弟弟妹妹好……

我以为他就是个推销员，但他却是个特殊的“推销员”：他口吃。刚才那几个字，他花了有半分钟，才一个字一个字慢吞吞地说出来。接着，他讲了他什么时候发现自己有了口吃这毛病，但是他的梦想就是做一名优秀的销售人员。为了他的梦想，他去了北京的医院进行治疗，医生建议他当众练习说话，他就想到了这个方法，他觉得如果他想成为合格的推销员，首先就要成功地推销自己，所以他一节车厢一节车厢地和大家打招呼，希望大家能认识他。

我很佩服他的勇气。一个人最大的敌人就是自己，而这个小伙子战胜了自己。他说话的时候，旁边的人都安静了，虽然他说的每一句话都很吃力，但是周围的观众却一字一句地听完了，而后给了他热烈的掌声。我相信，他如此这般坚持下去，总有一天他的口吃会治好，他会成为一名真正的销售人员。

或许有很多人像我同事小牧一样，他们会觉得推销员怎么脸皮那么厚啊，都说了不感兴趣不买了，他还能旁若无人地讲下去，想方设法地劝说顾客购买商品。甚至有很多人觉得推销员是个低微的职位，有些看不起推销员。

翻看知名企业家的自传，你会发现有很多人都做过推销员。比如大家最熟悉的比尔·盖茨，他从大二的时候就开始休学做推销员，甚至创办了微软公司之后，他仍然是从推销员做起的。李嘉诚曾经也是一名勤奋的推销员，他做推销员的时候，甚至比同等职位的人多出一倍的工作时间。正是推销员的经历让他总结了很多经商经验，这对他以后的发展很有帮助。

在商品市场竞争如此激烈的今天，能做好推销员这个职业，本身就是特别不容易的。你要对自己有足够的自信，能够主动开口和别人交流，这是需要非常高的情商的，“话题终结者”就做不了推销员。你要具备察言观色的本领，揣摩消费者心理，直击消费者的心理需求。同时你还要十分了解你所要推销的产品，这就要求你必须深入研究市场行情，对市场的产品做好竞品分析，找出产品优势。要想出别人没想到的宣传点，这样才能吸引人购买。只有思路非常灵活的人才能做到这点。

最重要的是作为一名成功的推销员，心理承受能力要非常强。面对无次数拒绝还敢开口，这是普通人难以达到的。推销员这个职业的人员流动非常大，大多数人都过不去被拒绝这关。抗挫能力是一种心理素质。心理素质强，有自信，情商高，善于分析他人心理，对市场充分了解，这样的人，想不成功都难，你真的没必要歧视。

别戴有色眼镜看待推销员。都什么年代了，你还拒绝推销，那你就 OUT 了。

控制负面情绪，你就是人生赢家

负面情绪有许多种，心理学上把焦虑、紧张、愤怒、沮丧、悲伤、痛苦等情绪统称为负面情绪，我们都知道它是不好的，让人身心俱疲。当情绪雪崩的时候，有人迷失其中，被情绪牵着鼻子走；有人会努力挣扎，试图摆脱阴影。

1

被负面情绪拉着一步步走向泥潭深处的，崔湘算一个。

大学时崔湘与我同系，住在隔壁宿舍，平时交集不是很多，她从入学开始就是学院的焦点。崔湘长得很漂亮，经年留着一头蓬松的鬈发，很像苍井优，但眉眼却要精致许多。崔湘很高冷，但大家都觉得，崔湘的独来独往更像是孤僻。

崔湘变得合群是在大二时，那时她交了一个男朋友。男朋友叫王硕，也是我们班的，其貌不扬，爱好打游戏。大家都没想到崔湘会在众多的追求者中选择王硕，王硕在朋友圈里炫耀地发出与崔湘亲密的合照后，班级的群里直接炸了。王硕经常领着崔湘一起参加班里组织的活动，渐渐地，崔湘看起来不再那么离群索居了。

大三那年班里唱 K，王硕牵着崔湘的手进入包房，很多人带着点酸味地问王硕，到底是怎样把崔湘追到手的。大家都不相信崔湘这么容易就能被人追到，也在心里对这一对的恋情有点儿费解，因为无论从哪个角度说，王硕都不是个最优项。

但看起来，崔湘并不是抱着玩玩的态度，相反，崔湘看起来比王硕对待这段感情的态度要认真得多。王硕希望崔湘做的事情，崔湘都会去做，不然她可能还会独来独往下去，而不是跟随王硕融入大家。

毕业后不久，他们就结婚了，而后来在大学室友的微信群中，我才得知她与王硕离婚了，原因是王硕出轨了。

作为出轨方，王硕自然被众人不齿，室友们都在吐槽他找到崔湘这样的白富美却不知道珍惜，真是不知好歹。王硕这人我倒是本身就没多少好印象，就是千千万万的俗人中排最俗的那一号人而已，联想到当年他和崔湘在一起后的得意扬扬，出轨确实是他能做出来的事情。

听说毕业后崔湘在家里的安排下，去了一家规模很大的外企工作，虽然她父母不太同意她与王硕的婚事，但两个人还是结婚了。婚后不知为什么崔湘辞了职，专心在家里做全职太太，把王硕和家人照顾得很好。但他们始终没有孩子，也就是这段时间，王硕在外面有了小三，小三还怀了孕，离婚是王硕提的。

一个室友说，现在的技术那么发达，完全可以做一个试管啊，没生小孩就去找小三，王硕真的太不是人了。一个室友说，这么多年，崔湘没嫌弃王硕，一心一意地对他好，还能不能相信爱情了。另一个室友说，我看王硕就没多喜欢崔湘，就是觉得她好看，可以炫耀罢了。我想起唱 K 那晚崔湘的醉话，没有说话。

那天大家互相灌酒，最后每个人都喝高了，我却看到崔湘在哭。我问她怎么了，她抓着我的手对我说，我好羡慕你，好羡慕你们，我好想幸福地生活着啊。

崔湘努力坐直了身子，她把散乱的长发撩起来，露出修长的脖颈，把我的手放了上去，我却吓得迅速缩回了手。她的后颈上满是伤疤，像是烧伤或者烫伤。第一次看到这样触目惊心的伤疤，还是发生在这样美的人身上。

那天崔湘不知道喝了多少酒，才有在别人面前暴露的勇气，她就着醉意，喃喃自语般对我说了许多。

她脖子上的伤疤是小学时留下的，班里有一个嫉妒她长得好看的女孩子用开水泼她的后背，才留下了疤。从那以后，她就很害怕与人接触，因为不知道什么时候谁会突然出现，猝不及防地伤害她。她每天都很害怕，害怕周围的人，害怕被关注，也害怕听到别人对她的评价，于是她就干脆活在自己的世界里，不去和别人打交道，也不去争大家都在争取的东西。她困在自己的恐惧里，不敢往前迈一步。

听了她的故事，我不知道说什么好。我感到她的心里有深不见底的焦虑和不安。我有些心疼这个被莫名的恐惧裹挟的女生，甚至有点儿害怕她浑身的消极。但我天真地想，她已经能够融入大家，大概一切都会变好吧。

毕业后我就再也没见到过崔湘，我们都没有她的联络方式，室友们的道听途说也都是从王硕口中得知的。班里有几个同学与王硕在一个城市安家，他们有时会在一起坐一坐，后来我所知道的，也是其中的同学C讲给我的室友听的。

C说，王硕对他大吐苦水。王硕说，他一开始是很喜欢崔湘的，也确实有些追到了女神沾沾自喜的成分。他们在一起以后，他渐渐觉得崔湘身上的负能量实在是太多了，像一个黑洞，不管你传递给她多少开心的情绪，她都会吞进去，转化出消极的一面。

王硕还说，他们婚后崔湘主动提出辞职，要待在家里照顾王硕的生活，但其实是崔湘自己不喜欢工作，也懒得处理人际关系，对自己的工作能力更是没有信心。她做主妇的几年里，王硕感觉家里的气氛很压抑，崔湘总是在抱怨生活中的不如意，仿佛整个世界都对她不好，对她最不好的则是王硕。

崔湘不愿意生小孩，她觉得那会让她失去自我，会让她身体走样。她还过分地在意自己的容貌，买很多很多护肤品，每天都要化妆，即使足不出户，甚至在做饭的时候她都要戴口罩防油烟。她说如果不是每天都美美的，王硕就会厌恶她。

听着室友的转述，我惋惜地想，负面情绪真的会毁掉一个人。

C说，我要是王硕，我可能也得出轨。C是个男生，当年他也像其他人一样，暗恋过崔湘。但是被美丽的外表吸引的人，终究也将被每天都充满了负面情绪的内心所吓退。

如果有人告诉小时候的崔湘，班里的那个伤害她的小女孩，只是这个世界上千千万万好的灵魂中夹杂着的一个坏的灵魂，而她不能因为那一个人的恶，去质疑所有的人性，不知道崔湘是否还会走到这一步。

很多时候，我们的负面情绪不是因为这个世界怎么样亏待我们了，而是我们自己过于软弱。耿耿于怀别人的过错，其实是不肯放过自己。

2

与崔湘沉溺在负面情绪中不能自拔不同，小琳则是试图杀掉所有的负面情绪，但相同的是，她也活得很累。

小琳是我的学妹，今年读研二，她是个非常阳光的妹子，一张嘴能说会道，写出来的论文质量也很高，是导师的得意门生。小琳的生活其实并不顺遂，十几岁的时候她的爸爸就去世了，高考落榜还复读了一年，因为坚持继续去外地读研究生，谈了 4 年多的男朋友还和她提了分手。这其中的哪一件事，都够让一个坚强的人悲伤一段时间了。她却每一次都很快地走出来，又以积极的心情去面对大家，然而这些只是表面。

人无完人，每个人都会有负面情绪，小琳对负面情绪的态度，显然有点儿过激。她说其实她也有很多负面的东西，当导师布置的课题她完成得比较好，但导师选择推荐其他人进行一个月的考察学习时，她就会很气愤地想，一定是因为那个同学从本科起就是导师带的，而她是硕士才考到本校，导师这个做法很不公平。当她背着50元钱的帆布包，穿着淘宝上买的小白鞋走在路上，突然从后面开来一辆开得很快的吉普车，溅起的水花弄脏了鞋面，她会在心里骂一句，开车了不起啊，一点都不考虑别人，有钱人真没素质！

而且，她说她失恋的时候，也会整晚整晚地失眠，陷入悲伤中。我松了一口气，原来小琳也是有七情六欲的。但上一秒小琳还这么想，下一秒她就开始惴惴不安，她不允许自己有不好的情绪。

小琳有一个小本子，每天她会记录下自己的负面情绪事件，不但有时间、地点、人物，还有自己的负面情绪是什么，再分析一番原因，最后做出总结。所谓的总结一般都是自我反省，否定自己的情绪，告诫自己应该怎么认识整件事。

她觉得，导师推荐了别人，她应该祝福而不是嫉妒；路上遇到了没有素质的车主，她不应该生气，不能用别人的错误去惩罚自己。乍一看，这确实很符合小琳的正面人物设定，但是却细思恐极。

小琳很焦虑，她对自己说，你有这样那样的负能量是不对的，一定要改正，去做一个没有负能量的人。人生就是一个不断修正自己，最终完美的过程。

可是人是如此复杂的动物，怎么会只有好的一面，没有不好的地方呢？人生失意、受挫的时候，每个人都会难过，甚至激素一活跃，我们会忽然失态。试想，如果你身边有人穿了新鞋子出门却被水溅了一身，还一脸甜蜜地笑着说，“哇，这个车真好看，我祝福这个车主！”这样的人，你害怕不害怕……

3

人类所体验到的所有情绪都是生理反应的集合，无论是正面情绪还是负面情绪，都是对刺激的反馈。即使是负面情绪，也是有它存在的意义的。

知乎上有一个答主曾经回答过关于“负面情绪的意义”的问题。他说，小明前方有一只老虎，小明看到了很恐惧，于是赶紧逃跑，但是如果小明没有感知负面情绪的能力，没有恐惧，他会站在老虎面前，甚至和老虎互动，最后被老虎吃掉。

虽然这位答主是抖了一个机灵，但负面情绪对刺激的反应确实会对人产生一定的正面意义，我们不能任由负面情绪肆意疯长，当然也不必视它为洪水猛兽，高度在意自己的情绪本身就是一种病态。不论你现在是什么情绪，只需要正视它，多问自己为什么会陷入恐惧、焦虑、嫉妒，找到问题的本质，再去解决它，这就是负面情绪的意义。

自私会改吗？你会不吃饭吗

1

雨菲在和陈晨合租以后，才发现原来这个世界上居然有人可以这么自私。以前她还傻呵呵地跟我们说，人不为己，天诛地灭，人类都是自私的，这没什么好指责的。

后来我们在微信群里视频，小 A 问她，你不是说自私是人的常态吗，怎么这回这么激动？雨菲做出一副生无可恋的表情，说，我那是觉得人为自己谋取点利益也没啥好说的，只要不影响别人就好啊！但是我万万没想到，我的这位室友真是能刷新你们的三观……

陈晨是雨菲的同事，当时她们都还是在同一家公司实习的在校大学生，公司离两个人的学校都太远了，每天在上班高峰期挤地铁就能把人挤吐。雨菲就考虑搬出宿舍租房子的事情，她本想自己租一间小一居住，但因为她把自己要搬出去租房子这事儿发在了朋友圈，同部门的陈晨给她发来了一条私信：我最近也打算找房子，要不我们合租吧！

用雨菲自己的话来说，这件事儿主要怪她一时之间利欲熏心。为了省下每个月 500 元钱的房租，雨菲几乎没怎么纠结就答应了陈晨的合租邀请。最后她们在公司附近的老小区找了一套两居室，付了一年的房租。

雨菲第一次租房子，对未来的生活充满了向往，觉得以后可以想什么时候洗澡就什么时候洗澡，晚上饿了还可以给自己做个夜宵，简直不要太爽。但是平静的日子没过几天，雨菲就发觉与陈晨的合租生活好似……不那么美妙。

起初是因为吃饭产生的分歧。雨菲是个喜欢做饭的女孩子，她觉得外卖不健康，就尽量下班后回家做饭吃。由雨菲来做饭，带上陈晨的份，至于买菜的花费两人 AA。这倒也没有什么大问题，只是两个人吃饭的口味不太一致。雨菲平时喜欢吃口味重一点的菜，比如辣味的、咸味的，但是陈晨不但喜欢清淡的口味，还不吃葱花，不吃姜，不吃香菜，不吃鱼，不吃蘑菇。

雨菲的性格比较好，她觉得既然陈晨不爱吃，那干脆就不做那些菜吧。于是爱吃辣椒的雨菲竟然不再吃辣，每顿晚餐都只做清淡的菜，也不用葱花爆香锅底，强行开启了小清新的模式。

有一天，她来我家玩，我做了一个炝炒甘蓝、做了个辣子鸡丁，雨菲都快连盘子一起吃下去了。我问她，你干吗一副饿死鬼的架势？

她耸耸肩，说，我都好久好久没吃过这种菜了，天天吃的都是清汤寡水。我很费解，为什么不是她来迁就你的口味，而是你去迎合她的口味？雨菲说，那有什么办法，不能吃辣的人就是不能吃辣啊，但清淡口味却是大家都能吃的。但我还是觉得雨菲随着陈晨的口味吃，自己明明就很不开心。雨菲无奈地说，同一屋檐下住着，能迁就就迁就吧。

光凭每天都会按照陈晨的口味做好吃的晚餐这一点，雨菲恐怕就能妥妥地拿下奥斯卡最佳室友奖。但显然陈晨并没有怀揣着感恩的心，反而觉得雨菲为人和善好欺负。

合租 4 个月后，陈晨没和雨菲知会一声就养了一只猫。据说猫是陈晨的男友在楼下超市捡的，陈晨带到宠物店给猫洗了个澡，做了内外驱虫后带回了出租屋。那天雨菲在厨房切菜，陈晨喊她去看一下家里的“新成员”，雨菲一脸蒙状，不知道陈晨说的“新成员”是什么。猫发出“喵喵喵”的叫声，雨菲才惊讶地发现，陈晨居然私自带回了一只猫。

看着逗弄着猫的陈晨，雨菲有些不好意思地说，那个……我有点儿害怕猫，你能不能不养啊？

陈晨好像有些意外，她抬起头说，小猫这么可爱，有什么好害怕的啊？相信我，猫猫在这住上几天，保证你变成一只猫奴。

雨菲从小就对晚上眼睛能发光的动物有种莫名的恐惧，她又说了一次，我真的不太喜欢猫，要不你上网找个主人领养它吧。

陈晨说，可是猫猫真的很可怜啊，一直在外面流浪，好不容易遇到了我，我怎么舍得辜负它呢？

猫最终还是留了下来。陈晨不情愿地承诺了绝对不让猫进到雨菲的房间里去，雨菲也觉得猫有点儿可怜，想着毕竟还要合租半年多，没必要发生不愉快的事情，就没有再多说什么。但是晚上躺在床上，雨菲却发现陈晨的个性签名更新了一句话：有的人真的是很自私啊。

这个世界上总是有人看不清自己不堪的内心，把本该属于自己的标签贴在别人身上。最令人无可奈何的，大概就是你都不知道什么时候就被一个自私的人标记成“自私”吧。

事情还没有结束。养了猫后，陈晨的男朋友隔三岔五地就会来两个人租的房子，一来就钻进陈晨的房间“玩猫”，总是很晚还不走，要雨菲多次暗示之后才悻悻地离开。两个女孩子合租，陈晨的男朋友却总是出现，雨菲肯定有很多不方便的地方，雨菲说搞得她都不敢在卫生间里晾内衣内裤了，觉得别扭。

这还不够，有一天雨菲发现自己刚买没多久的一瓶乳液不见了，她也没多想，以为是自己丢三落四，放在哪个角落忘记了，结果后来在垃圾桶里找到了乳液瓶子的玻璃碎片。

晚上她问陈晨，陈晨在做面膜，轻描淡写地说，对不起哈，你把乳液放在餐桌上，猫猫在桌子上玩的时候不小心碰到了地上，我怕它扎到脚，就收拾起来了。

雨菲当时气得浑身发抖，她质问陈晨，你是怪我的乳液放的地方不对差点儿伤到你的猫？

陈晨反问雨菲，你这么生气干吗？猫猫又不知道发生了什么，不知者无罪嘛。

雨菲说，猫什么事都不懂，你这么大的人也什么都不懂吗？

陈晨说，我都已经道歉了，你还想怎么样？

那天雨菲和陈晨大吵了一架，并立马上网发布了转租，以每个月便宜100元钱的价格把自己的房间租了出去，从此脱离苦海。后来身边的朋友但凡谁动了与别人合租的心思，都要被雨菲苦口婆心地教育一番，直到打消想法。

我们都开玩笑说，雨菲这是因噎废食，不能因为遇到了一个奇葩室友，就怀疑这个温暖的人间啊。

雨菲却说，其实我们每个人都是温和善良的，自私的人最可怕的，不是他们会给你造成困扰，而是与他们在一起，你也会不自觉地变得计较、自私起来。

2

道长是我男朋友老王的发小，一个很仗义的24K纯爷们。道长家里有一个不大不小的厂子，上学的时候比身边朋友的生活费多出一些，他经常请他们出去下个馆子、K个歌，朋友缺钱了道长也二话不说就借钱给他，我们都很喜欢道长。

有一次老王和道长他们出去吃烤肉，我也在场，大家都乐呵呵地插科打诨，道长却一直默不作声。这一幕被敏锐的老王发现，老王问他，怎么了这是？

道长说，我感觉我被女神当备胎了。

道长的女神叫楚楚，这我们是知道的，楚楚是他们上大学时乐队的主唱，人美、腰细、嗓音好，道长明里暗里地喜欢楚楚得有两年多了。从喜欢楚楚那天起，道长就没再看过别的女孩一眼，一个大糙老爷们每天连睡觉时手机都开着铃声放在枕头边上，生怕错过楚楚的消息。道长的朋友们都嘲笑他像个小媳妇似的，他从来不反驳，因为他觉得自己这样做是有必要的。

深夜的时候人经常会思考人生，常常百感交集，但多愁善感的人多，肯聆听的人却不多，道长算是一个称职的聆听者。楚楚失恋了伤心难过，楚楚考试挂科了心情不好，和朋友闹了矛盾怀疑人生，甚至楚楚来了大姨妈心情烦躁，都会和道长诉说，道长则会想出一百种方法逗她开心，又是送礼物又是讲笑话的，直到把楚楚哄得高兴起来。

这样的男生谁会不喜欢呢？都说女生最容易爱上那个陪着她熬夜聊天的人，可是楚楚对于道长的表白却视而不见。

楚楚说，在一起以后你就不会再对我这么用心了，我宁愿把你当作我的知己，只有朋友才能陪着彼此直到老去。

老王忍不住调侃说，啧，好人卡。

道长也不傻，他不想要好人卡，他只想和楚楚在一起，但他却相信了楚楚说的话。道长认为楚楚真的是缺乏安全感，害怕爱情不如友情来得长久。他悲哀地想，如果真的怎么努力都做不成恋人，做一辈子的好朋友也很好。

道长还是一如既往地对楚楚好，做楚楚的情绪垃圾桶，直到道长的奶奶突然有一天心梗去世了。道长和奶奶的感情非常好，回到老家奔丧的他哭得像地主家的傻儿子，给楚楚打过去一个长途电话。

楚楚拒接了5次之后接了电话，不耐烦地说，我正在忙呢，你有什么事？

道长说，我奶奶死了，我好难受啊！

楚楚“哦”了一声，说，晚上再说吧好吗。

道长被楚楚的冷漠吓得眼泪都收了回去，他难以置信地问楚楚，咱俩认识到现在，我这还是第一次跟你说我心情不好，你……就这样？

楚楚挂断了电话。不好意思啊，道长，我真的很忙，她说。

我和老王向道长投去同情的目光，意味深长：这是真惨啊。道长说那天晚上楚楚并没有主动找他，也没有发来一句安慰的话，道长再也没有联系过楚楚。

“知己”这个词的指向性是双面的，但是在楚楚的眼里，好像只是单向的。楚楚把道长当作知己，可以肆意倾诉自己的负面情绪，倾诉换来安慰，安慰换来愉快的心情，而道长不能把楚楚当作知己，他不可以倾诉，也不可能换来安慰。

自私的人只想索取，懒得付出，也许是因为在他们眼中，对方如草芥般无所谓失去与否，也许是因为他们根本没有在得到别人的好时需要回报的认知。一个人没有爱别人的能力是悲哀的，自私会让你的世界荒芜，只剩下你一个人。

如果你的身边有自私的人，与他们缠斗，你可能同样会变得蝇营狗苟，远离他们是唯一正确的决定。自私是不会改的，对自私的人来说，那是他们生存的法则，就像人生来就是要吃饭一样。有人会不吃饭吗？

你说过哪些无法原谅的话

曾经天涯论坛上有一个帖子："我要回到 1997 年了，真是舍不得你们。"本来只是一句平淡无奇的话，却引发了巨大的反响，上万名网友在下面跟帖，开玩笑般地拜托楼主穿越回去后，告诉 1997 年的自己千万别做什么事，或者一定要做某件事，借着虚拟的网络世界和假想的穿梭时空将自己多年来的遗憾轻描淡写地说出。

有一个网友说，楼主，如果你成功回到了 1997 年，麻烦你找到一个叫程宇的初中生，先给他一巴掌，再告诉他，劳动节放假的时候他爷爷会打很多个电话叫他回乡下玩，他一定要去，不要对爷爷说"还有时间回去玩呢，烦不烦呀"这种混账话，那一巴掌，是你代长大以后的程宇给的，他永远也无法原谅当时的自己，因为就在那一年，他的爷爷去世了。

许多人都有过类似的经历，脱口而出的一句话无意间伤害了自己最亲近的人却不自知，往往要历经多年，当自身也被这样的话刺痛了，才惊觉曾犯下多么深的罪过，而后陷入愧疚，才发现那句话是自己无法原谅的梗刺。

1

雷子："你一个家庭主妇，每天什么都不干，还想要怎样。"

这话是我在我们结婚第九年的时候对我老婆说的。那时我和以前的同事合伙开了家青少年篮球培训机构，不温不火地倒也挣了一些钱，只是每天都很忙，要在本市的各个区租的场地跑，一年只有过年那几天能清净一点。

决定创业是因为儿子的出世，突然就觉得压力大了，孩子现在要喝进口奶粉，以后要上学，还要给他攒钱买套大房子，一瞬间发现二人世界时挣的那点钱完全不够了。尤其是老婆大人生产后身体恢复得不好，总是生病，她以前是做影视后期的，那个昼夜颠倒的工作她再也不能轻松应付，便辞了职在家专心养身体，和我妈一起带带孩子、做做饭。那时我还叫她老婆大人。

我们度过了七年之痒，却差点儿在结婚第九年的时候离婚。我没有出轨，只是发现我渐渐对她越来越厌倦，我有些怀念我们没有结婚的时候，怀念我们在一间教室上公共必修课的时候。

上大学时，她有一头长长的黑发，垂在腰间。我记得第一次见到她，她手扶着额头在看一本小说，安安静静的，像画里的女孩子。毕业典礼那天，她穿着白色的抹胸小礼服挽着我走过红毯，我心里想着，以后我们的婚礼就是这样吧，她挽着我的手，走过撒满花瓣的红毯，到那时她会是什么样子呢？结婚以后，我要挣很多钱，要给她最好的，给她买好看的裙子，陪她去做头发，碗都由我来刷，不要弄脏了她的手，她的手那么白嫩。

后来我们真的结婚了，还有了儿子。但我已经很久没有陪她逛过街、做过头发了。因为那太花时间，同样的时间我可以和同事窝在一起研究出一个可行的方案来。洗碗这件事我倒是一直都坚持着做，但渐渐地，我已经忘记了我要洗碗的初衷，而只是为了避免和她之间无谓的争吵，我不想听到她说“不是你说要洗一辈子的碗吗”这样的话。

我当然还是爱她的，也从未对别的女人动过什么歪心思，我不知道她为什么会觉得我不爱她了，总是对我无端地猜疑。我看手机新闻了解最新的动向，她会质问我为什么一整天都不和她说话；我累了一周想在家睡个懒觉，她却埋怨我不陪她去医院做检查……

婚姻持续的时间越来越久，我挣的钱也越来越多，儿子一天天长大，我们的关系却越来越疏离。直到她对我说“要不我们还是分开吧”之前，我都还以为只有我有这样的想法。当我听到她竟然有想要离婚的想法时，火便不打一处来，我冷笑着问她，你一个家庭主妇，每天什么都不干，还想要怎样？

她说，我们每天虽然住在一起，但我们的心越来越远了，可能你嫌我每天在家带孩子，想法跟你不在一条线上了吧。我也想好了，孩子也大了些，我要出去上班，自己养活自己了。

庆幸的是我们没有离婚，只是分居了一段时间，孩子被她带回了娘家。那段时间里，我每天下班回到家，有时煮一碗速冻水饺，有时干脆吃泡面，各个口味的我都吃了一遍以上。刚开始的时候心里是挺爽的，终于没人烦我了，袜子随手一扔，内裤扔进洗衣机里洗，闷了熬夜看球喝啤酒，仿佛回到了学生时代，摆脱了一切束缚。直到有一天深夜我胃疼得满头大汗，在床上辗转反侧，突然想起来，以前她在家时，我胃疼她会把药准备好，再煮一碗热气腾腾的粥，坐在床边替我吹凉了，才递给我喝。

我惊愕地醒悟，原来促使她洗手做羹汤的，只是对我的爱，那些我以为是束缚的，也都是她的爱。爱本就是将一个人与另一个人束在一起，融到彼此的点滴生活里。

如果不是我们和好后我每周休息一天在家陪她，我想我可能永远都不知道，她作为一个家庭主妇的日常，竟然不比我轻松。早晨她比我醒得早，锅里正做着早餐，她趁此时间把地板拖上一遍，然后送孩子上学，回来的路上把晚餐的食材买好，中午随便吃点面包，下午洗洗衣服，刷刷鞋，去超市采购日用品。

原来她把一天的任务排得满满当当，只是想晚上我在家时，能空闲下来，和我说说话，看看电视。我却是那样不近人情，让她度过了布满心酸的好几年时光。即使后来我再怎么尽力弥补，她也原谅了我，我们的那段婚姻之痒也成了她和闺蜜的谈资，我却仍记得自己当初的嘴脸。

2

小毓：“我这样还不是因为你们没有能耐？”

我出生在农村，父母都是农民，我却基本没怎么下过田，每年农忙时，天还没大亮爸爸妈妈便扛上锄头去干农活儿了，而中午妈妈会稍早一些回家，做好午饭再站在后院的田埂上喊爸爸回家吃。记忆里我的童年很快乐，每天放学回家做好作业，打开电视看上几集动画片等妈妈回家生火做饭，放暑假时与几个小伙伴相约去小河里捉鱼。

上学时大大小小的考试，我总是能拿到很不错的成绩，也是远近邻居口中“别人家的小孩”，于是父母更不用我去地里帮忙，只叫我在家好好学习，多看些书。虽在农村长大，我却从未体验过双手被农具磨出茧子的辛劳。

一路顺风顺水地长大，考到了县里的重点高中，又从当地不错的大学毕了业，终于初尝现实的残酷与无奈。刚毕业，我找到了一家私企的文职工作，整个单位加上我一共20多个人，工资也是低得可怜，除去房租水电，刚刚够一日三餐，想多添件应季的新衣服，都要犹豫再三。

在这样的窘迫中，我越来越不爱与父母联络，每当他们问起最近的工作有没有起色，有没有可能升职加薪的时候，我都不知道该怎样作答。每当他们说起三姑六婆家八竿子打不着的哥哥姐姐给自己的爸爸买了车，给自己的妈妈买了多粗的金项链，我都不知道该用什么样的表情去应答。

其实我深深地知道，我的工作毫无进展，是因为自己的经验欠缺，能力不足；我与男朋友分手，是因为我一向敏感偏执的性格缺陷。但我还是忍不住将身上发生的桩桩件件不如意的事情，都推卸到我的父母身上。似乎这样一来，我的心理压力就会轻松不少。我对前路的迷茫和毫无规划是因为我已无路可走。

我觉得如果我不是出身农村，家里一贫如洗，我也不至于这么辛苦。看着身边的朋友家里给安排工作，买了车，买了房，还在朋友圈里发状态抱怨生活平静如水，想出去旅行，见见更广阔的世界。而我每天都要等着到载满了人的公交车，车一到站便被身后乌泱泱的人群挤上去，晃悠一个小时到家，而此时楼下的菜摊早已打烊，只好做一碗水煮挂面。这是我的常态，奔波在城市里的我远远没有家乡的父母心里想的那样光鲜。

有一天，妈妈打来电话，问我怎么好久都没有汇报一下近况。

接到电话的时候我心情很差，正一个人躺在出租房的床上数着天花板上发霉的斑点。那天上午陪上司出差去相邻的城市参加展会，回程时上司问我，我有些累了，小毓你会不会开车？我尴尬地说，我不会开车。她皱了一下眉头，说，没想到现在还有不会开车的大学生，大学的寒暑假你怎么没学一学呢。

大二的寒假，我的室友们都拿到了驾照，只有我没有，我对她们说我不喜欢开车。其实是因为寒暑假我都要在家里办一个小小的辅导班，教村子里的小孩子们学英语，收些少量的学费来补贴家里，没有时间也没有钱去考驾照，那 3000 多元钱的学费快够我一个学期的生活费了。

由于正被这些窘境折磨着自尊心，我不耐烦回应着电话那头的妈妈，妈妈好像发现了我的异常，问我，听你的声音不太开心，是不是工作上遇到了什么不顺心了？

我说，就没顺心过。妈妈说，工作上的事情我和你爸爸也不懂，你多去问问你表姐，让她教教你。听了这话，不知怎么的，我就很恼怒地对妈妈说，有什么好问的，问完了还不是一样，她能帮上什么忙，也不能给我换个钱多事少离家近的工作。妈妈也有些生气，说道，你现在怎么这样了？一点都不乐观。于是我便说出了那句话：我怎么样了？谁不想乐观？我找不到好工作，男朋友也嫌弃咱家穷把我甩了，我这样还不是因为你们没有能耐！

话一说出口，我当时就后悔了，听着电话那头长久的沉默，我还抱有一丝侥幸，会不会信号不好妈妈没有听到我说什么，此时多希望用的是微信啊，还可以把消息给撤回。

妈妈听到了，我听到她在压抑着自己的抽泣声，然后她挂断了电话。大概是不想被我听到吧，或者是不知道该和我说什么了。

那天以后我开始憎恨自己，恨将困顿和失意强行归咎到父母身上的自己。又过了几年时间，在我努力地纠正自己性格中怯懦和懒惰的一面后，总算挣得多一些了，也有了幸福的家庭。提及此事，妈妈总是笑笑对我说她早就忘记了。但我知道，她没有忘记，过年的时候她总是在亲戚们打听我的生活时，对他们说，我们没什么能耐，小毓很不容易才走到现在的地步，都是孩子自己知道上进。

每当这时，我的脸就会火辣辣地疼，恨不得坐上时光机回到与妈妈打电话的那晚，对她说，我最近是有些消极，我会调整好自己，放心吧。这样我就可以在每一个妈妈觉得自己没有给我带来什么的瞬间，抱紧她对她说，我虽然生在农村，家里也没什么钱，但我自小被你们宠大，没觉得自己有什么苦。

后来我看到书上的一句话，“父母双亲，生我养我，宠我疼我，不叫我受冻，不叫我受人欺侮。让我有书读，有健全人格，有光明未来。”越发觉得自己当年所说的，是一句多么不知感恩的话，肠子估计都悔成了青色。如今妈妈不承认当年曾被我深深伤害，我既讨不到一句当事人的原谅，也无法原谅自己。

“良言一句三冬暖，恶语伤人六月寒”，有时一句话是一把利剑，越是亲近的人，被刺痛得越深，伤口越是淋漓。无论子女与父母、父母与子女，还是夫妻、情侣之间，朋友之间，有些话经了你的嘴说，便像是扑灭了对方长久以来珍惜簇拥着的火苗。即使彼此亲密无间的人，伤人的话将要出口时，也还是收回去吧。毕竟，谁也没有时光机啊。

单身狗泛滥，剩男剩女各自徘徊

“这世界上有那么多人，可是他们不能陪着你回家。”

1

鱼妹儿周末的时候拒绝了我出去踏青的邀请，原因是她要在家刷剧。我开玩笑地说，也许你和我出门能在路边看到一个胸口插着一把巨剑的男人呢？鱼妹儿哈哈哈地大笑，她说，你等我吧。

最终我们决定一起吃烤鱼，我说，一个人在家有什么好，闷都要闷死了吧，你是时候找个男朋友了。鱼妹儿伸着筷子在烤鱼的配菜中寻觅着魔芋的踪迹，傲娇地说，单身多好啊，单身就只有一个烦恼：没有男朋友。有了男朋友，烦恼可就多了去了。你不得不考虑对方的性格合适不合适，家庭条件怎么样，有没有上进心，能不能过到一起去，还得考虑结婚在哪儿办酒席，婚礼怎么办，准备什么时候生孩子，房产证上写谁的名字，过年时回谁家过年……想想就麻烦。

我被鱼妹儿逗得差点儿把汤洒在衣服上，只好说，好吧好吧，那你就单着吧，不在单身中爆发，就在单身中灭亡。

鱼妹儿突然放下筷子，说，其实，我也挺想谈恋爱的。

鱼妹儿说，我总是说我这样过得很自由。每天下班回家第一件事就是把内衣带解开，随手一丢，从冰箱里拿出一杯冰镇的碳酸饮料，倒在沙发上看看电视，点一份好吃又实惠的外卖。没有人能束缚我，我可以每天都吃我自己喜欢的菜色，不用迁就别人的口味，不用下厨房，也不用洗碗，吃完了往垃圾桶里一丢就好。

我搭腔说，这样看起来也很好。

鱼妹儿继续说，是啊，一个人的时候只需要对自己负责就好了，确实很好。可是，自由是真的，孤单也是真的。你知道吗，我最害怕的就是“三天小长假”，三天的时间根本不够我坐上火车回一趟家，但是身边的朋友都会回家过节。于是我就不知道该做什么了，想出去逛街没有人陪，也不想面无表情地站在乌泱乌泱的电影院长队里，只好宅在家。我以为不出门的话，就看不到成双成对的人，躺在家里叫份比萨，听着就很美好吧。

上次过节，鱼妹儿照例没有回家。她一个人享用完比萨，坐到沙发角落里看起东野圭吾的小说。那本书很出名，讲述的是一位数学天才用自己的逻辑思维试图掩盖心爱的女人的杀人罪行的故事，我也看过这本书，每个读者都会被峰回路转的结局所震撼。记得大学时，我看到结尾感到酣畅淋漓，立马给异地的男友打了一个电话，我向他大呼小叫地表达了一番自己对故事之牛×的惊叹才罢休。

鱼妹儿说，我看完整本书的最后一个字时，佩服得从沙发上跳起来，想回过头对谁描述一下自己的心理活动，可是这时候才发现天已经黑透了，屋子里没有开灯，只有我手边的落地灯亮着，楼下是整个城市的车水马龙，这么多人这么晚了还在奔波，可是没有一个人，能坐在我身边听我讲一讲那本书。

她的故事听得我很难过，谁没有过那样一个孤单的时刻呢。

2

今年就要办婚礼的小茹说，她觉得最孤单的时刻，也是自己独居时。以前的小茹是个很糙的女汉子，信奉的名言有些非主流味道，“总不能怕黑就开灯”。

那年她得了很重的感冒，刚开始她没有在意，觉得感冒嘛，打针吃药几天就会好，不打针不吃药，两周也能痊愈。那几天小茹照常上班，还是她的上司看不下去了，对她说，身体是革命的本钱，你快回家休息几天再来上班吧。她待在家里也闲不住，发着烧还能一边擤鼻涕，一边坚持着整理那段时间一直在跟的项目的资料。结果她就那么晕倒在了电脑前，她说她是上午 9 点多开始工作的，等她醒来时，已经是下午两点了。

在那 4 个多小时里，小茹作为一个高烧的病人，躺在冷冰冰的地板上，没有人知道这一切。那时她在深圳，远离家乡，也没有什么亲友，她只好给住在附近的房东阿姨打电话，问她能不能来帮一下她。房东阿姨人很好，怕她一个女孩子出什么意外，接了电话便开车过来带小茹去医院打点滴。

小茹说，房东阿姨和我非亲非故，我也不好意思耽误人家的时间，就直接办理了住院。我告诉阿姨，我在医院打完点滴就直接睡了，不用她陪我，让她早早地就回去了。

等她走了以后，小茹一个人躺在医院里，头晕得好像要掉到床底下的时候，忽然想起以前上学时生病，只是吃坏了东西有些肚子疼，她当时的男朋友就紧张得不行，硬是要背着她到校医院打点滴。人家校医一脸无语，说吃几片药，多喝点热水就好了。

我笑，原来医生也会说多喝热水这句话啊。

小茹说，可能是人在生病的时候会更矫情吧，那个时候我满脑子都是委屈，身边连个对我说多喝点热水的人都没有。

我说，可能不是因为人一生病就矫情，人一生病就会停下匆忙的脚步，被迫地想起自己最需要的东西吧。

生病的时候我们会忽然发现，那个披荆斩棘的、可以只身面对这个世界的自己，不过是没有人并肩作战时不得已撑起来的坚强表象，人终究是群居动物。

如果有人能和自己一起看雪、看星星、看月亮，从诗词歌赋一路谈到人生哲学，谁又甘心度过一个自己去电影院看期待已久的电影，再沉默地刷着朋友圈、坐着地铁回到家中的周末呢。

如果有人能和自己一起，订一张机票去远方向往的城市来一场说走就走的旅行，在风土人情全然不同的异乡街头牵着你的手，为你精心拍好照片再P好发到朋友圈，谁又真的愿意每个假日窝在房间里，吃着日复一日的外卖，午睡时一觉睡到傍晚，一整天都没和人说上一句话呢。

我们需要伴侣，这并没有什么可耻，也不证明你的灵魂不够独立。有的人需要伴侣，是因为自己的灵魂不够丰盈，需要另一个有趣的灵魂来填补。有的人需要伴侣，是因为自己的生活足够美丽，需要一个能够欣赏的人在一旁为他拍手喝彩。无论是抽象如想分享精神上的愉悦和悲伤，还是具体到朝朝暮暮的陪伴，我们太多太多人，都在憧憬着，有那么一个人，是属于自己的，是上帝撕开两半的另一个自己。

我们需要一个人来爱自己，而能够爱上别人也是一种能力。

3

鱼妹儿说，我很想谈一场恋爱，可我觉得我已经过了谈恋爱的年纪了。

这个社会对女生的 28 岁，似乎有些太失于宽容了。鱼妹儿硕士毕业时，已经 26 岁了，职场上闯荡了两年，刚刚能站稳脚跟，就已经被划到了“剩女”的行列。鱼妹儿试着相过许多回亲，我也给她介绍过一个很优秀的学长，也劝过她尝试着多接触接触，不要要求得太高了，毕竟生活不像电视剧一样，很可能坚持到最后，还是等不到一个 soulmate。可我又不忍鱼妹儿谈一场没有爱情的恋爱，目的直指婚姻，钱货两清般功利得令人绝望。

我问鱼妹儿，我知道你想谈恋爱了，可是你自己知道你想要找到的，是一个什么样的人吗？

鱼妹儿说，我希望他是一个有着强健的体魄，热爱生活，又知世故而不世故的成熟男人。

我说，那既然你的想象中，你希望最终和你在一起的那个人是这样的形象，你为什么不做一点努力去接触这样的人呢？身体素质好，又热爱生活，这样的人多半是热爱锻炼的，要么你多去健身房试试？实在不行，早上起床多去公园遛遛弯儿，也能碰到些个晨练的吧。

鱼妹儿笑了，说，你这是指望着我去找个老大爷回来相亲相爱啊。

话虽如此说，但鱼妹儿显然被我的说法打动了，因为不久以后她就照着我给她的建议，加了一个爬山的兴趣群，后来直接领回了个男人来见我。

鱼妹儿以前就爱爬山，每个月准有一个周末约上我们共同的另一个闺蜜去爬山，周边城市大大小小的山都被她爬了个遍。渐渐地，工作以后生活节奏变快，好不容易放个假鱼妹儿也懒得出门，每个周末都宅在家里，玩玩手机游戏就虚度了一天的光阴。经过了我俩那天的谈话，鱼妹儿似乎打开了新世界的大门，或者说她找回了原来的自己。

加了朋友介绍的爬山微信群后，鱼妹儿在里面很活跃，不久群里组织爬山，她从床底下拖出蒙了尘的装备，果断地踏上了旅程。就是在那次爬山中她遇见了陈先生，两个人相见恨晚，每天都要聊到深夜才舍得放下手机。后来陈先生对鱼妹儿表白，鱼妹儿想都没想就答应了。鱼妹儿说，在茫茫人海中能够遇到一个与自己笑点一致、三观一致，又有同样追求的人实在是太难太难了，不亚于嫁入豪门的难度，而这样的人，终归是要走出家门，迈出自缚的茧后才能遇到的。

相信很多人都和曾经的鱼妹儿一样，在单身的日子里一边默默期盼着属于自己的那个人早早到来，却也由于孤单一人鲜少迈出家门。如果你的那个人已经出现，你不出门，他或她又如何能够与你相遇呢？

生活中我们总是在不同的场合对尚在单身行列的朋友开着同样的玩笑，嘲讽他们是“单身狗”“注孤生”，但其实我们做朋友的，无一不是希望这些“单身狗”能早点儿找到那个令他们恨不得每天都秀恩爱给吃瓜群众看的人。最最重要的，是“哀其不幸，怒其不争”啊。这群“单身狗”都跟商量好了似的，大假小假都在家宅着，这样能找到对象？

无论你憧憬中的那个人是什么样子，是白富美、高富帅，或者是平平凡凡的普通人，无论你追求的是精神还是物质，你想要摆脱单身，都需要迈出家门才办得到。不光是迈出家门，还要迈出自己设下的心理防线，首先你要相信你会幸福，你才能幸福，不是吗？

每天宅在家里，可等不来能陪你走完漫长人生，陪你回家的那个人，大概率上你只能等到快递小哥和外卖小哥。现在就打开门，结束你的“单身狗”人生吧。

这些问题，跳槽无法解决

有人说，职场就是战场，从幼儿园到大学，寒窗苦读十多载，目的就是学习一项安家立命的技能，能够在职场中找到自己的价值，实现最终的人生梦想。

职场当然不完全是一帆风顺的。每年一到春暖花开的时候，身边总有一些朋友，跳槽的心蠢蠢欲动，就想换个工作、换个心情。

换工作的理由多种多样，有的是受不了老板的管理方式，有的是想换个大点儿的平台，有的是被其他公司的高薪所吸引。人往高处走这无可厚非，但是跳槽一定要是深思熟虑后的结果。谁在职场中都会遇到这样或者那样的问题，有时候一时冲动的跳槽不仅解决不了任何问题，还会把这些问题带到你的新工作岗位上。

1

小李气呼呼地跟我说，客户实在太难伺候了，简直就不把他当人看。老子不干了！

小李是公司的客服，每天的工作很忙，一共要对接 30 多个客户，把客户的要求反馈给公司的工作人员。小李在这家公司工作了 3 年，本来对工作流程已经轻车熟路了，按理来说应该不会有他感到为难的客户了。今天这么激动又为哪般呢？

我一问，小李马上就愤愤不平起来，他说有一家公司的客户，根本就没法沟通。第一天想要一个东西，第二天就又变了一个样。工作人员通宵把工作做好了，拿到客户那里又不满意，就这样一来一去改了十多遍。全公司都觉得是小李工作能力有问题，才让他们多干了那么多活儿，但是老天知道，他冤枉啊！

我说，那你想要怎么办呢？

小李斩钉截铁地说必须走人啊，这么难伺候的主儿，谁会在这儿受这个气啊！

但是，世界那么大，什么脾气秉性的人都有，你到了新公司就确定不会碰见跟这个客户一样难缠的人了吗？

小李沉默了，确实，这个客户算是他在工作中遇到的棘手的问题，他选择跳槽就是为了逃避。

后来，我跟小李一起分析了他那个客户的情况。我们渐渐了解到，他所对接的客户是个刚毕业的实习生，在客户的公司处在最底层的位置。客户公司的领导安排了什么任务之后，实习生并不敢跟上级沟通，总是领会错领导的意思。这才导致了小李他们一直返工。

如果小李直接跟对方领导沟通，没有他们领导联系方式不说，这样直白地说他们员工的不是，难免会驳对方的面子，对方领导可能会不高兴。

我给小李的建议是让小李跟他的领导反映实际情况，并提出预解决方法。比如领导跟对方领导直接反映工作流程问题，或者让小李直接对接对方领导的助理，这样能直接有效地让领导们看到工作结果。

小李照这样去做了，公司领导很满意，在周例会的时候还特意表扬了小李，说他能够在遇到问题的时候主动思考，积极寻求解决问题的方法。不久后给小李加了薪、升了职，这回小李再也不张罗跳槽了。

2

朋友小 A 是个机械工程师，刚刚参加工作两年，跳了 8 次槽。你没看错，就是 8 次。每次跳槽都有理由，经历也算是蛮奇葩的了。

第一家公司，平常的是早九晚五的工作时间，但是小 A 成天迟到，每天 9 点半之前看不到他的人影。五次三番、三番五次的告诫不管用，最后人事怒了，扣了小 A 半个多月的工资。

小 A 当场就拍桌子说不干了，说公司也太不人性了，让人晚上加班可以，早上迟到那么一点儿都扣钱，完全不讲理啊。二话不说，辞职。

第二次是与同事相处不来。小 A 有个毛病，拖延症特别严重。恰好他们的工作类似于流水线作业，只要他的环节没做完，那他后面的好多人都完成不了工作。就是因为他，他们小组总是拿不到优秀员工奖，他的拖延不仅坑了自己，还外带坑队友。

其他组员当然是各种不愿意，平时也没人会跟小 A 主动说话。久而久之小 A 感觉到非常孤单。后来他们小组的员工想了一个办法，把小 A 的工作安排到最后一个流程。说实话，小 A 的团队确实特别优秀，提前了半个月完成了工作。也就是说，小 A 只要在半个月完成 5 天的工作量，他们组就能顺利完成任务。

你猜对了，他们组又没完成。

是小 A 的工作能力有问题吗？并不是。只是小 A 看到工作就不想做，一会儿刷个微博，一会儿看会儿视频，一会儿打个游戏，一天天就这么过去了。

小 A 这回惹怒了所有小组的成员，他们纷纷去老大那儿告状，最后是又罚工资，又做通报批评，让小 A 很没面子，马上就又想到了辞职。

故事讲到这儿，大家肯定以为小 A 是特别没责任心的人。但是，事实又不全是这样。

小 A 特别喜欢摄影，他背着相机到世界各地旅行，用取景框记录下眼前的景色。只要别人跟他谈起摄影，他绝对能眉飞色舞地说上半天。为了拍日出，他能坚持一个月每天 3 点早起，等待着太阳的升起，一点儿拖延症的影子都没有。

但是，他家人就觉得摄影不算是一个职业，在大学报考志愿的时候，非要逼着他报什么机械自动化，说未来这个专业的就业前景好。十分无奈的他学了完全不感兴趣的专业，从事了让他提不起精神的工作，最后当然就没什么好结果了。

对，他不是没责任心，他只是不感兴趣而已。

小 A 再怎么频繁地跳槽，也不会对当前的工作产生任何的兴趣。他工作中出现的问题跳槽无法解决，要不培养他对机械自动化的兴趣，要不就从事他最感兴趣的摄影工作。其实如果是在摄影师岗位上，小 A 可能是一名优秀员工。

3

我已经一个月没见过阿玲了，直到这次聚会，她已经变成了我们完全认不出的样子：乱蓬蓬的头发，粗糙的皮肤，浓厚的黑眼圈，身上的白衣服也溅上了油点子。

曾经的阿玲可不是这样，小高跟鞋穿着，精致的妆容化着，全身上下都是当下最流行的品牌，一天不看时尚杂志都觉得枉过。她现在怎么变成这样了？

从刚一坐下，阿玲就开始碎碎念她的公司。什么双休改成了单休，加班成了家常便饭，周扒皮领导都不把她当人看云云。以至于她现在连逛街购物打扮自己的时间都没有。

“你知道吗？”阿玲的话匣子打开就收不住了，“前天我跟我们领导闲聊，我说最近的工作压力挺大的，下班回家都已经很晚了。她问我每天下班回家都干什么，我说不干什么啊，追追剧，跟朋友聊聊天、逛逛街。领导居然说反正也不干什么正事儿，还不如在单位加班，多赚点儿钱，还能学到东西。

“真刷新了我的三观！我是卖给你了还是怎么着啊，下班回家还得听你调遣？利用自己时间做点儿喜欢的事儿就是不干正事儿了？”

听完阿玲的吐槽，周围的朋友马上义愤填膺起来，好些人都鼓励阿玲辞职：这样不讲人情的单位，离开也罢。

不一会儿，阿玲就抱着“此处不留爷，自有留爷处”的想法，恨不得第二天就要去提辞职了。

饭局过后，阿玲想让我给她推荐新东家，于是我们便来到了咖啡厅。我问阿玲，为什么公司突然这么不近人情起来，她也在公司干了好几年了，以前她公司也没有那么忙，一直都挺轻松的，公司制度也很合理。

阿玲叹了口气说，今年行业进行了调整，他们公司正处于边缘地带，公司其实也很难做。公司的员工都尽量多承担些工作，像她，就负责了好多以前她没有涉及的领域。刚开始工作流程都没掌握清楚，加班加点的才能把工作捋顺。

那这些对阿玲以后的职业生涯有帮助吗？

当然有啊，因为公司变动，她现在已经独立带一个项目了。按理说她这个年龄，经验也不是太丰富，在别的公司是不可能接触项目的核心内容的。现在她要跳槽的话，有独立操作大型项目的经验，身价自然也就提高了。

但是，我并不赞同她现在跳槽。

她所在的公司正处在转型时期，这个阶段能学到的东西实在太多，也是她事业上升强有力的跳板。而且任何一家公司，都是很看重企业忠诚度的，跳槽太频繁，价值也就降低了。

况且跳槽的成本不小，你要离开你现在的公司，要适应新的工作环境，放弃现在在公司的地位，到一个新公司重新开始，重新获得领导和同事的认可，都是需要时间的。你现在觉得公司领导的价值观和你不一样，你觉得他们占用了你太多的个人时间。但是你换一家公司，领导就不会这么认为了吗？如果遇到和你价值观又不一样的领导，那你还要继续跳槽吗？

阿玲最后没有选择跳槽。当然，她的辛苦是暂时的。公司渡过了转型期，一切待遇和福利都恢复到从前。阿玲的专业技能得到了进一步的提高，也因为在这段时间的卓越表现，阿玲的领导看在了眼里。阿玲未来的职业发展可想而知了。

工作占据了人们一生的三分之一，规划是职业生涯的重中之重。为了更好地发展，跳槽可以是一种选择，但绝对不是冲动之下的选择。

在跳槽之前，你首先要分析，你面临了什么问题让你有了跳槽的想法。导致这个问题的原因，是个人原因还是公司的问题。如果是个人原因，就要积极地找到解决问题的方法。你要知道，如果你在工作中存在的问题不解决，不论你换多少个公司，问题仍然存在，跳槽不应该是你逃避问题的方法。如果是公司原因，则要根据你在公司工作时间的长短和现在公司的发展状态来进行选择。你在公司已经是管理层，参与的公司的核心内容，你可以制订一系列方案解决问题。但大多数想要跳槽的员工，在公司都是普通员工，那么就要看公司所存在的问题，对你的职业发展有何影响。小问题各个公司都有，没有一家公司是非常完美的。假如是以你之力无法解决的问题，那么还是趁早跳槽为好。总之，不要拿自己的职业生涯开玩笑，跳槽需三思，跳槽需谨慎。

远　方

不管一个人多优秀，
只要一句脏话，
全部的形象就会立刻坍塌。
骂人是没道德、
没教养的表现，
从来不是酷酷的口头禅。

谦虚不一定是美德

1

闺蜜小透一次又一次地向我抱怨最近的遭遇，让我开始去思考“谦虚是不是好的品行”这样一个看似不需要细想就能作答的问题。

小透是一个在公司待了 3 年的小职员，勤勤恳恳却得不到领导认可，一直期望的晋升岗位被新同事得到。这样的事情我们都听得太多，导致这样结果的因素也太多了。

有可能是因为那位同事工作能力确实比小透优秀许多，只有他才能胜任。也有可能那位同事比小透会经营人情，人家能琢磨透领导的意图，自然更能入领导的眼。腹黑一点去想，有可能小透的同事压根儿就是走了上司的后门，这个职位上司从未做过其他人选的考虑。

我问小透，你觉得会是哪一种？

小透说，我也不知道。

小透的新同事虽叫文文，但她的性格却不文静，刚到公司的第二天，她便能与不同部门的同事在一起谈笑风生，平时上司交代了工作，她都会应一句“好嘞！保证完成任务”。

我说，职场又不是校园，光凭借开朗自然是不能升职的，她的工作能力呢？

小透说，工作能力其实和我差不多，不过我经常为了把方案做得更好加班，她基本不加班，下班第一个走，经理也都看在眼里，我还以为他是讨厌文文的。但上次准备新客户拓展方案时，经理问她能不能做，她一口答应下来，有些专业的问题她没接触到，还是去问的同事们。那个方案如果我做的话，是不需要费那么多工夫的，只是不知道为什么经理问过我们俩之后选择了她。

我说，经理也许是为了让文文熟悉你们的业务吧，倒也可以理解，他问你的时候你是怎么说的呢？

小透说，应该没问题的。

你为什么不像文文一样，直接说我可以，交给我吧！

小透说，谁让我为人低调呢，子曾经曰过，低调奢华才有内涵呀。

子还曰过呢，知之为知之，不知为不知，何必呢。

听了她这样说，我想起小时候的一件事来。我和小透是小学同学，也是邻居。有一次，老师说班里要选出一个代表去参加市里的演讲比赛，放学时小透偷偷趴在我耳边告诉我，她想去参加比赛。接下来的一个多月里，小透晚上再也没有和我到楼下荡过秋千，也总是拒绝来我家看动画片，她每天都要背诵演讲比赛的文章。我妈每次见到小透妈妈都会夸小透认真，一定能代表班级拿第一，但小透的妈妈每次却会说，她啊，没有你家孩子聪明，光会努力有什么用啊。

班级选拔的那天，天灰蒙蒙的，眼看着就要下一场大雨。老师把报了名的小透和小浩叫到前面，问他们准备得怎么样了。先问到的是小透，这时小浩大声地说，老师，我准备了两个星期了，肯定能拿第一名！老师笑了笑说好，继续问小透，你是咱们班平时小红花得的最多的，准备得有没有小浩同学好啊？小透说，我应该没有小浩好吧。那天，小透和小浩并没有进行比赛，因为天越来越阴沉，广播里传来教导主任通知放假的消息。老师便说，那这样吧，这次的比赛就让准备充分的小浩去参加吧。

放学的路上，小透攥着雨伞默不作声，我也不知该说什么。小透是委屈的，她准备得足够充分，而小浩那次也没有拿第一名。

我给小透倒了一杯花茶，问她还记不记得这件事，她说记得，她说当时只是谦虚一下，她以为接下来会让每个人都展示一下自己，她对自己是有这点自信的。

没想到啊，那天下了场大雨，天公不作美。小透说。

不是的，小透，是你的回答有问题。我说。

如果你当时对老师说，我准备的时间更长，也有信心拿到好成绩，老师不会那样武断，就像现在一样，如果你对经理说，这个方案我之前做过类似的，可以保质保量地完成，经理也会交给你去做。

小透问我，难道，谦虚一点有什么不对吗？

2

我们虽然自小便被教育要“谦虚”，但没有人告诉我们，谦虚是社交逻辑，而不是职场逻辑。

在社交中，为人谦虚是获得别人好感的捷径，我们当然不会喜欢一个倨傲不羁的人。小透这样的姑娘，可以说是通吃了上到七八十岁的奶奶，下到牙牙学语的熊孩子，中间还有一众因为姑娘谦虚有礼排着队要给介绍男朋友的阿姨。生活中与所有人都相处得很好的小透，却似乎不知道自己为什么在职场上不甚如意。

就像她问我的，难道谦虚一点有什么不对吗？可是身处职场，领导最看重的永远都是工作能力，在两个人都可以完成工作的情况下，他自然会把任务派发给那个自信满满的人。或许，谦虚早已不是如今这样一个急功近利的时代所重视的美德了。

许多人只记住了《论语》中那句子曰的后半句——不知道的事情就说不知道是智慧的，却忘记了前半句——知道的事情就要说知道，这也是智慧。明明做得到的事情，为什么要说自己做不到？明明做得很好的事情，为什么把机会拱手让人？

外国人就很不理解中国人的谦虚精神。曾有一家贸易公司，资源的储备和市场业务的能力在当地都是最好的，而当外国的投资代表去这家公司考察时，对公司的老板说，看到你们的规模和企业的实力，你们一定是这里最棒的吧！那位老板笑着摇了摇头，哪里哪里，我们还有许多不足之处，远远谈不上最棒啊。

如果对方是一位中国的生意人，听了这番表面上的谦虚之词，一定会回一句，某董事长真是谦虚，你这个朋友我交定了！可对方是个直来直去的老外，心里立马犯起了嘀咕，当天便对上级汇报：这个公司的能力不足，建议放弃，寻找更好的合作伙伴。过了几天，贸易公司的老板发现事情不对，赶忙打电话询问合作的事情，才发现差点儿错失了一笔大单，他对老外说，那天回答你的话是我们中国人的一种礼节，是对你的尊重，并不是真的不行。外国人当即反问，为什么你明明是最好的，却说自己不好，这是在欺骗我，怎么能说是礼节呢？差点儿因为这种谦虚而让我们彼此错失合作的机会，怎么能说这是个好习惯呢？这位老板顿时哑口无言。

我给小透讲了这个故事，小透说她也不知道为什么每次都选择谦虚，只是觉得谦虚做人总是对的，毕竟这是我们一直接受的教育，她也从未想过这道理是不是正确的。

小透小时候，是家长口中那个令我们产生童年阴影的“别人家的孩子”，她很优秀，也很懂事，可她永远是她妈妈嘴里那个笨丫头，仿佛成绩总是前几名的她，比起我们这些孩子来竟一无是处。其实她妈妈的心里，也不是这么想的，她只是认为，如果她也夸赞小透，小透会骄傲起来，认不清自己有多少斤两，毕竟“骄傲使人退步”。

我不知道小透的妈妈有没有意识到，骄傲固然会让孩子认不清自己所在的位置，但她的“谦虚”已经枝繁叶茂，根深蒂固，当小透如愿以偿变成了“谦虚透”，她会失掉多少机会而不自知。

后来我经常会想，如果那天，年幼的我也在一旁，我妈像小透的妈妈一样，明明心里也为我骄傲，却因为虚无的人情礼仪去说，我家孩子只是有些小聪明，不会努力，干什么都不行的，那么我现在会变成一个什么样的人。

我可能会因为拼命想证明自己而过得很焦虑，可能会因为总是听到我还不能明白的“谦虚”的话而认为自己真的干什么都不行吧。可喜的是，妈妈从未说这样的话，在我进入职场的时候，她告诉我，做人不要太浮躁，但是该争取的一定要争取。

职场本就是个逐利的场所，认清自己的能力，为自己争取应得的利益没有任何的不对。同样，领导按照自己心中对下属的判断去推选一个他认为更能胜任的人晋升，也没有任何不对。谦虚，本就不是为了应用在逐利的场所中才发明的词。

谦虚应该是见过了更广阔的天地后对自身渺小的清醒认知，谦虚应该是见过了让自己望尘莫及的能者后对自身能力的清醒认知。谦虚应该是清醒的，应该是真诚的。如果眼前的机会被别人握紧，你能坦然地说，这确实是因为我没有人家做得好，以此自勉，你会成为更好的你。如果本应属于你的机会因为一句谦虚的推辞就不翼而飞，你只能暗自神伤，明明我能做得更好，为什么领导不能体察人心呢？为失去的机会自怨自艾，人会停滞不前，犹如困兽。

如果谦虚的本质从清醒的认知变成了虚与委蛇，那我只能说，这样的谦虚，不要也罢。一件事，我们做完，不能令我们快乐，却反而因此陷入纠结，那这件事多半是错的。

3

小透不好意思地说，其实当她说出“我准备得不是很充分”，“应该是没问题的”这样有些含糊的话时，她心里想的是，我都已经这样谦逊了，即使出了什么岔子也不会被批评得太狠。

我没有嘲笑小透，人都会下意识地为自己的失误找一个借口，转移自己的负面情绪，只是小透这个类型的人，善于在事情还没有开始的时候，便为自己找好借口。

小透又说，小学时去参加演讲比赛的小浩，现在是一家公司的核心员工，你看，不谦虚也好，对吧。

我很难回答这个问题，但我知道，骄傲不一定是人的武器，可谦虚一定是人的盾牌。

在漫长的人生里，我们需要一把武器去披荆斩棘，不同的人会选择不同的武器。如果谦虚使你与本应属于自己的机遇失之交臂，那么就大声地说：“我很棒，我行。”

什么人才能拥有这个世界

前不久，万达微信号放出的王健林一天的日程表，瞬间点燃了吃瓜群众的围观热情。上面赫然写着：4：00点起床，健身吃早餐后，开启了一天忙碌的空中飞人生活，雅加达、海口、北京三地空间大挪移，哦，对了，顺手还谈了个500亿的小合同。排得如此满的行程，居然是他再平常不过的一天，大家纷纷表示内心是崩溃的，“再也不想当首富了”。

万达似乎不是一个低调的企业，每隔一段时间便会搞出一个大新闻。董事长王建林做客访谈节目时的一句“定一个小目标，比如先挣他一个亿”，至今仍旧是段子手恶搞的文案之一。

不得不承认的是，这次万达的正能量形象树立得很到位，先前在网络上调侃的热门评论很多也很有趣，诸如“他究竟知不知道一个亿是多少钱”“王健林的一小步，人类的一大步”“一个亿，大概能买几包辣条？”但看了人家首富的日程表，很明显人家的努力，配得上一个亿的价值。

有一句流传甚广的话，“钱不是万能的，钱是万达的”。这话不对，我必须站出来主持正义：钱不只是万达的，还是淘宝的，是百度的，是腾讯的，是一众站在金字塔顶端的大佬的。这没什么好奇怪的，也并不残酷，我们必须承认，这个世界本身就只有少数人能够成功，体面而有尊严地惬意着。我们想知道，为什么我们不是那一部分“少数人”，他们是怎么拥有这个世界的？

1

首先是心态的不同，他们从不为自己的境遇找借口，他们会对生活予以还击。

上个月我屏蔽了老同学陈峰的朋友圈，原因就是我实在忍受不了他每日散布的负能量爆棚的动态。

工作日的早上，他会发：起了个大早，赶了个晚集。亏我早早就从温暖的被窝爬出来了，这车堵的，什么破运气啊！周末的早上，他会发：隔壁邻居是煞笔吗？叮叮当当地装修还让不让人睡觉了，垃圾小区。过年回家，他会发：这年过得一点年味儿都没有，没有人会真的关心你过得怎么样，只要你过得比他差就行了，现在的社会啊。和女朋友分手，他会发：也许孤独才是我注定的结局吧，没有钱，没有权，活该单身狗。

我看了只想说，你可别侮辱单身狗了，单身狗只不过是没有遇到合适的人又不愿意将就罢了，而陈峰，我不知道什么样的姑娘才能和他组建一个幸福的家庭。他身上如此重的戾气，很难不让人质疑与他结婚生子后能够像别的家庭一样和谐、安宁。其实他的女朋友的朋友圈我也能看到，她委婉地发出过这样一条状态：在我们遭遇逆境时，我们不能去怪这个世界的种种规则，无论如何，一个人情绪失控，便是中了挫折的圈套，被浪潮推着走向深渊。

像陈峰这样的人，面对不顺心意的事情，多半会觉得这一切都不是自己的错，错的是全世界。就像我从来不敢看各大新闻媒体的评论区，那里充斥着怨气，无论新闻的内容是什么，你永远能看到被几百人几千人点赞的负能量评论。看到有的家庭因为疾病贫困潦倒，他们会说，国家的医疗体系有问题，垃圾。看到娱乐新闻中某明星手上戴着价值不菲的饰物，他们会说，辛辛苦苦干活的老百姓穷得都没钱看病，这群戏子却能轻松地赚到那么多钱。看到交警在大雪天里站岗执勤，他们会说，肯定是上头故意安排秀出来的，这个警察一定有背景，才能这么火。

我不知道为什么他们看到的世界，看到的国家和社会是这样的，似乎半点儿希望都没有。他们看不到国家在一点点变得强大，也看不到有多少草根的奋斗逆袭，仿佛社会只有黑暗的一面。他们通常在网上将眼前的困境甩锅给社会的黑暗面后，一个转身继续玩着游戏，追着一部又一部偶像剧，看完了还要去相应的贴吧喷剧情太虚假，演员演技不好一定是被潜规则才上的。

他们从未想过如何能在社会的洪流中激流勇进，却习惯于匍匐在负面情绪的泥潭里。关于习惯，爱默生说，习惯不是最好的仆人，便是最坏的主人。令我们艳羡的“少数人”，往往深谙此道。电影《中国合伙人》中有一句经典台词，“假如生活欺骗了你，你也要会欺骗生活”，而电影男主角的原型，便是新东方英语的创始人俞敏洪。

如果俞敏洪和陈峰交换一下性格和心态，可能陈峰少了那份才华，不能达到俞敏洪现有的成绩，但至少他能一直拼搏着干事业，女朋友也不会因为与他世界观相悖而离去。而如果俞敏洪变成了一个怨天尤人、整日只知道抱怨的男人，我们猜一猜，他会从哪一步开始放弃挣扎，被动地接受社会给他设计好的人生？恐怕，第一次高考失败，他便会对父母说，我出身农村，注定是走不出去的，还是种地喂猪吧。没办法，现实就是这样，不是我的问题。

是的，现实的确会给人竖起壁垒，阻碍我们前行，可如果我们看到有的人成功了，就只会说人家运气好，自己时运不济的话，我们也确实只配一辈子都做一个社会的分母，还是把世界双手奉上，交给那些心态好的人吧。

2

除了正确的心态，最重要的一定是常人所不能及的拼劲儿。

科比有个被玩坏的名言，有人问他，你为什么能成功？科比反问，你见过洛杉矶凌晨四点的天空吗？

努力不该是间歇性的，而应该是持续性的。这个世界上永远有人比你有才华，最可怕的是比你有才华的人比你更努力。对比以王健林为首的一众 CEO 令人发指的早起奋斗，前文提到的俞敏洪是每天早上六点起床，居然是最晚的一个。不禁让人揣测，他们一定是掌握了冬天早上能在一分钟内与床分离的神秘力量。

如果你也患有起床困难症，放心，你不是一个人，你的病友还有许多，他们还患上了拖延症、手机综合征、游戏沉迷症，所有这些都在阻碍我们成为一个更好的人。回想一下，有多少个周末，前一天晚上你计划得好好的，第二天早点儿起床为自己和家人做个早饭，随后关在房里攻克那本半年前就立志要读完的书，而第二天，即使你提前设定了十个闹钟，却还是没有起得来，在你关闭闹钟的时候你想着，算了，等下一个闹钟吧，算了，等下个星期六再说吧。

我以前很喜欢玩一款游戏，每次到了该写文章的时候，我总会对自己说，先玩一局游戏吧，找找灵感。可是当游戏开局的一刹那，我便会将初衷忘干净，只有眼前的虚拟世界。来来回回地厮杀过后，如果是胜利了，我还会趁着兴致再玩一局，如果是失败了，我也会想再玩一局扳回来。一来二去，留下来的只有空虚，终于有一天我问自己，游戏对我的意义是什么？我曾当它是我工作之余的消遣，如今它却牵制着我，阻碍着我去用更多的时间充实自己。我没有卸载那款游戏，但我给自己立了规矩，每天只玩半小时，省下的时间用来阅读和练笔。每隔一段时间，每个人都应该问问自己，现在的状态还能不能帮助你走向自己的目标，在任何时候都不能放弃努力，更何况，不逼自己一把，你永远不知道自己能够达到哪一级台阶。

3

我相信没有人会真正安于现状，没有任何理由会让一个人拒绝自己的生活变得更好，所谓知足常乐，只是安慰自己的一剂良药，是精英阶层安抚奔波于生计的大众的美丽童话。

如果你的梦想是够到夜空中最耀眼的星星，那就拼上你最大的劲头去努力吧，至少还可以掉进云彩之中。你看，待在星星上的人都还不肯停下脚步，要往更高更美丽的地方走，你还要躺在井底到什么时候？

那些回忆中忘不了的城市

走过很多年，经历过很多事，从在一方小小的土地上成长，到云游四海，用脚步丈量世界。在不同的时候，不同的地点，用不同的角度看眼前的如画风景。在岁月的长河中，总有一些城市，在你的记忆里留下了不可磨灭的痕迹。

1

初见，继而再也无法忘记。

有时候，对于一个城市总是迷之向往，去过一次就再也忘不了了。可能那座城市不繁华、不美丽，甚至在别人口中，那座城市再普通不过，根本无法和大城市相比。但是当你去过很多大城市，发现你最爱的还是它。

就像我和长春的情谊。

长春是一个太低调的省会。在东北三省之中，论繁华，它没有哈尔滨中央大街的金碧辉煌；论文化底蕴，也没有沈阳故宫的深厚历史。上大学的时候有次清明节，利用三天的小长假订了去长春的火车票，与一个同年级的小学妹，来了一场说走就走的旅行。

目的地选择长春的原因很单纯，因为离我们家较近，而我们的预算又不高。去之前，除了三天的出行攻略之外，对于那个城市可以说没有任何了解。但当一出火车站，突然感觉这个地方如此地熟悉。乘坐轻轨来到东北师范净月校区，一路上看着窗外的景象。人们悠闲地在马路上行走，马路上一尘不染，微风轻拂，没有恼人的沙尘，甚至还有新翻泥土的气息。郁郁葱葱的行道树排列两行，不由得让人心旷神怡。

可能因为住在学校附近，接触的都是大学生，感觉这个地方的人热情好客，下车找路人问了问路，路人竟然直接把我们带到了宾馆。到了宾馆，服务人员微笑待客，主动帮忙拎行李，与我们攀谈最近几天的旅行计划，给了我们许多建议。

走过伪满皇宫，深深感受到了这座小城的文化氛围。这是我第一次认认真真地参观博物馆，没有导游，听着讲解器，以末代皇帝的视角，体验属于他的悲喜交加的生活。在电视上看到了太多溥仪的故事，却从来没有如此真切地体会。从书房到卧室，不管是他的寝殿还是婉容、文绣的住所，几乎都是阴暗的，没有光明的。终日的活动区域就在这暗无天日的地方，任谁的心情都不会太好。想那皇帝从来都是呼风唤雨的，到了末代，居然是如此光景。

在长影世纪城中看中国电影的变迁，从那个看露天电影的时代，一路看到如今最先进的电影技术，中国的电影发展如此迅速，给人良多感触。我本身就是怀旧的人，从电影的发展历程，仿若回到了那些我没有经历过的时代。奇妙的感觉。

在长春，可以在公园漫步，也可以去桂林路上品尝小吃，还可以去各个大学的图书馆品读名著，一切都充满了文艺范儿。这里的人们生活节奏不快，随时都可以停下脚步，和路边摊的老爷爷唠唠家常，生活充满了惬意。

我本不是向往舒适生活的人，总觉得拼搏才是人生动力。虽然后来去过了那么多城市，有高楼大厦，华灯初上时车水马龙，但唯独忘不了在长春的三天行程，心心念念的总想再去一次。但心里也明白，如若再去，肯定没有了第一次去的感觉，还可能抹杀掉回忆当中的那份静谧。

我知道，我对长春的爱，源于我和它只有一面之缘。后来再看到其他繁华的大都会，心里始终念想着那淡淡的文化气息。若我真的在那座城市生活，我不见得有这般热爱，这种感觉，可能就是初见的美好。我对长春的留恋，其实就是对 20 岁的留念。

你的生命中一定也有这样一座城市，那个地方可能是你大学所在的城市，可能是你大学毕业后第一个打拼的城市。你和那个城市有过一段时间的缘分，却没有机会那里定居，于是就成了你忘却不了的回忆。那座城市里包含着你藏在内心最深处的感情，也许那个城市有别人都不知道的人。也许你和我一样，永远都是在拼搏，每天像打了鸡血似的在奋斗，咬着牙在市场竞争最激烈的地方抢占自己的一席之地，但是你心中喜欢的却是一个静谧的小城，或者那是你抛开现实之外心里最真实的声音，这个秘密，你知道，我知道就好。

2

我闺蜜丫丫的梦想就是去一次北京，她说在那里能找到她外婆的影子。

说这话的时候丫丫 24 岁，而她的外婆去世已经 10 年了。丫丫从小生在一个北方的小城市，在省会城市上了大学，然后就考了家乡的公务员。按她的话来说，她从小到大好像从来都没离开过家，可能以后也不会离开了。

每次我过年回家，丫丫找我聊天，总要问我北京到底是什么样的。北京的人什么样，北京都发生了什么事情，北京是否真和电视上演的一样到处都是胡同儿，北京的北海公园的海面是不是真的能倒映着白塔，坐在小船上看到的是不是都是绿树红墙。

问多了，我就笑着跟丫丫说，你亲眼去看一看不就完了，为什么能去上海杭州海南旅行，偏偏就要绕开北京呢。

丫丫说，她害怕，害怕北京和她外婆跟她讲述的不一样，那样她不知道该怎样回忆她的外婆了。

丫丫从小是外婆看大的，丫丫的奶奶重男轻女，看丫丫是个女娃就把她一家从老房子里赶了出去。丫丫的妈妈带着她去了外婆家，丫丫一家在外婆家一住就是十多年。小时候的丫丫乖巧懂事，是外婆最喜欢的孩子，也是妈妈姐妹的孩子中唯一被外婆亲手带大的。

丫丫的外婆是北京人，年轻的时候遇到了去北京出差的外公，就这样嫁到了北方。外婆说着一口标准的京腔，给丫丫讲北京胡同儿里的故事。丫丫说外婆的家是一个普通的四合院，街坊邻里的关系都非常好，平常外出都不锁门。小时候他们就在胡同儿里玩儿捉迷藏，有时候就藏到了别人家里，主人看见了也不吭声，任由他们玩儿。

每次丫丫放学回家，外婆就给她唱《让我们荡起双桨》，外婆跟丫丫说，北方几乎都看不到什么水景，她小时候学校经常组织去北海公园玩儿，她看到的景象就和歌里唱的一模一样。丫丫没去过北京，但是丫丫的脑海中有一个北京，那是只属于她和外婆的北京。

外婆跟丫丫承诺说，只要丫丫考上了重点高中，外婆就带着丫丫去北京玩儿。这成为丫丫好好学习的动力，因为这个原因，丫丫学习成绩一直都很好，她真的特别相信外婆，外婆每次答应她的事情都会做到的。

但是，外婆这次却食言了，虽然丫丫如约考上了重点高中，但是外婆在她上初二的时候就因为突发心脏病去世了。以后再也没有人给她讲北京的故事，也不会有外婆带她去北京玩儿了。

这就是丫丫和北京的故事，一个从来没去过北京的人，却和这座城市有着深厚的感情。

有没有一个城市，你听身边的人无数次提起，虽然一次都没有去过，但是却对那座城市无比熟悉。那是你心心念念想去的地方，却又无法触及。你和初恋约定了一起考同一个地方的大学，但是最后你们却分手了；你妈妈爸爸、爷爷奶奶曾经跟你提到的地方，但是他们却已经离开了；你和男朋友爱情长跑了 8 年，目的就是有足够的资金能够定居在一个地方，但是最后因为种种原因你们却没有在一起。这座城市就像你在回忆中的一个缺口，就是因为从来没有得到过，才显得如此弥足珍贵。

还有一些城市，因为在那里出现的人或事，让你永远都忘不了。人生漫漫，每个人都有故事，有些故事很美好，有些故事很凄惨，谁的经历都是一本丰富的小说。而那些故事的发生地，成为你脑海中永远磨灭不掉的回忆。太美好的故事就像泡沫，让你不忍心触碰，怕一下子就醒来，睁眼就看到了现实。太悲惨的故事就像伤疤，因为怕疼，也从来不敢提起，怕揭开伤疤之后，看到的是血淋淋的现实。

去那些城市重游，你会想到很多难以忘怀的人和事。这些故事的始终，串联成你人生的回忆。

3

不知道你心中有哪些忘不了的城市，哪些城市承载了你内心最深处的想法，还是有一些让你忘不掉的故事。不管怎样，在你的人生中，一座城市就是一处回忆，有一些忘不掉的回忆是好事，能够让你在多年以后，等你真正闲暇下来的时候，在午后沏上一杯茶，任由阳光肆意地在你的身上行走，回忆起当年的那座城、那个人，还有当年傻傻的自己，让你不由得笑出声来。

如果有机会，你可以来一次说走就走的旅行，给心灵放个假。如果没有机会，那也可以任性地给自己一个机会。在人生得意之时，在烦躁失落的时候，不要任由极端的情绪发展下去，这时候你需要静一静，向远方出发，到达那个你曾经忘不了的终点。那个时候你就会很庆幸，感谢这么多年，心里一直有一处无法触及的彼岸。

不要一味地追求终点，否则会忘了脚下的路，忘了你当初是因何而出发。回忆中忘不了的城市或许就是你当初的一个信仰，不论你已经看过多少世间繁华，不论那个地方是有多么卑微，至少那个地方在很久以前是你的梦想。

如果我有机会，我要再去长春逛逛，不管是不是还有当初的感觉，至少我会想起 20 岁的自己。

我想丫丫最终一定会去北京的，她找寻的不只是外婆的影子，还有她童年的回忆，圆了她考上重点高中就去北京游玩的梦。

我想终有一天你也会来到记忆中的那座城市，想想过去，望望未来。

回头草好吃吗？想吐！

回头草好吃吗？

你回过头吃的草，终归都是当时你不想再吃下去的草，你心血来潮想回去再吃，却发现你早已经不爱吃这个口味了。

这话是小嵋说的。小嵋刚经历了一次分手，也是她与薛的第二次分手。

薛和小嵋是高中同学，就和所有狗血的故事一样，他们是同桌，小嵋是那个扎着马尾辫笑得清澈见底的学霸，薛是那个上课就趴在桌子上永远都睡不醒的学渣。

学霸与学渣之间巨大的鸿沟没能阻碍两个人相爱，因为有了班主任愚蠢的“学习好的带动学习差的”的调座位理论，薛被安排成了小嵋的同桌。和小嵋同桌以后，薛上课睡觉的时间确实缩短了不少，尤其是自习课。

薛会在卷子空白的地方写一些道听途说的冷笑话，再用手肘轻轻碰一下小嵋示意她看，小嵋总是被这些冷笑话逗得掩住嘴笑。有时候，薛也会问小嵋一些他弄不明白的题目，小嵋就耐心地给他讲解虚拟语气的用法，教他怎么能快速记住政治书上的考点。后来薛向小嵋表白，是用的历史书思考题下的空白，他写下：姜小嵋，我喜欢你，我们在一起吧！我会好好学习，和你考同一所大学，然后娶你！小嵋看了，面目羞红，她在自己的历史书上写了一个字：好。

年少时期的爱情来得就是如此自然，那时所有人虽然都不知道前路在什么方向，也不知道具体喜欢对方的哪一点，但就是敢信誓旦旦地表露心迹，承诺未来。

与薛正式在一起后，小嵋下课再也不到操场上散步透气，而是留在教室帮薛补习不会的习题，她希望薛能好好学习，两个人能考到同一所大学，那时的小嵋心里，是真的相信薛说的每一句话，相信他会娶她。

薛也很努力，以前他最喜欢打篮球，课间总是要摸一会儿篮球的，尤其是晚上的第一节晚自习下课，有 20 分钟的休息时间，他总是抱着篮球最后一个跑进教室。自从对小嵋表白后，晚自习下课后薛不但坐在位子上纹丝不动，而且还会指着卷子上自己弄不懂的地方问小嵋，小嵋讲题的时候会下意识地用手转笔，有时笔掉到了地上，薛会帮她捡起来，还给小嵋时薛会偷偷握紧她的手几秒钟，笑嘻嘻地看着她害羞又紧张的样子。

高考前一天，小嵋给薛发短信说，你一定要加油哦！我们一起考到北京去吧！薛回复她，你也要加油啊老婆大人！估分那天，小嵋紧张得手心都出汗了，她害怕薛考得不好，她甚至希望能把自己的分数分给薛一点。但是还好，虽然薛考得没有小嵋那么好，但是也能够去北京读大学，两个人查了一下，相距大概两个小时的车程，异校总比异地好太多了。

小嵋的记忆里，关于高中最后的画面，是她与薛两个人扯着手在教学楼的走廊里欢快地笑着。她说，她以为从那天开始，她与薛终于不用再躲躲藏藏，害怕父母与老师发现了，他们终于能够光明正大地在一起，一起走到最后了。

而她与薛的第一次分手，发生在大一某次激烈的吵架之后。小嵋说她都有些记不太清到底是为什么了，只记得是为了微不足道的小事，但引发的是一场前所未有的争吵。其实还是因为他们上了大学后，没有了来自老师和父母的管束，他们可以自由谈恋爱，反而没有了最初的热忱和不管不顾。

被多方束缚和窥探时，两个人像是结成了同盟，绑在一起升级打怪，不到最后不会罢休，而突然之间他们变得自由了，双方的矛盾反而显现了。小嵋喜欢早睡早起，吃了早饭后去图书馆读书，薛喜欢与室友通宵打游戏，睡到中午再起床。用小嵋的话说，就是“人在一个城市读书，却愣是处出了异国恋倒时差的感觉”。

分手总是令人痛苦的，小嵋两个月内掉了十几斤肉，本来身材就很苗条的她看起来更弱不禁风了。薛也没有好过到哪儿去，听说他与小嵋分手后经常失眠，加上借酒浇愁还进了一次医院。小嵋删除了薛所有的联系方式，换了电话卡，不许任何人再提起他的名字，此后直到研究生毕业都没有交过一个男朋友。薛虽然多方打听小嵋的消息，但我们受人之托，也都没有告诉他，后来薛又先后交了两个新的女朋友。

原以为他们的故事到这里也就结束了，毕竟高中时期的恋爱，除了当事人当真，旁观者又有谁会当真呢。

谁知道时隔好几年，都已经进入社会工作的两人，突然有一天又重归于好了。原来，薛不知用什么方法打听到了小嵋所在的城市，竟直接飞过去，连房子都租好了才告诉小嵋。打动小嵋的是，薛用电脑软件做了一个小动画，描绘了他和她的故事，发到了小嵋的邮箱里。他在邮件中说，老婆大人，以前的种种小事都是因为年轻意气，没有好好珍惜你，希望你能再给我一次机会，我会对你好，再也不让你生气，不让你落泪。

后来小嵋说起她看到那封邮件时的心情，她说，那一瞬间我以为我是韩剧中的女主角，我以为我错过的少年又回来了，而我们能一起走到老迈不堪、头发花白的那一天。

小嵋与薛重新在一起了，在薛的强烈邀请下，小嵋搬进了薛租住的房子里，他们开始了同居生活。薛确实对小嵋非常好，每天他都为小嵋做早餐、晚餐，下雨的时候去给小嵋送伞，刮风的时候提醒小嵋多穿件衣服。小嵋生病了，他半夜出门买药，小嵋来例假，他为她煮好红糖枸杞。他们复合后的一年多时间里，小嵋不用做任何家务，偶尔拌嘴也是薛先低头，百般安抚。薛实现了他的承诺，将小嵋视作失而复得的珍宝，但小嵋却渐渐地觉得哪里不太对。

有一天，小嵋发现自己的例假没有如期而至，她有些慌了，连忙给薛打了个电话。薛听后更加慌乱，让小嵋赶紧买一支验孕棒看看情况。结果小嵋没有怀孕，只是接连的熬夜加班导致她有点儿内分泌失调而已。

我说，没怀孕你就想分手？难道你是怕薛的那方面有问题……

小嵋瞪了我一眼，说，以前我还没思考到结婚生子这一步，但那次以后我突然发现，我也不小了，26岁。怀孕这件事，放在别的女孩子身上可能没什么，对我来说却很恐慌，我不想生这个孩子，也没有条件生，我和薛都还没有准备好。而他显然也是恐慌的，比我还要慌。这时候我才发现，我们之间的感情实在是太浪漫主义了，浪漫到我甚至忘记去审核他能不能够做我的丈夫，做我孩子的父亲，而不仅仅是我的爱人。

小嵋这么一说，我才发现这些矛盾其实一直藏在他们两个人中间，只是他们的感情开始在纯真的年代，大概谁都没有去思考过，除却深厚的感情，爱人能相伴一生最重要的，是实实在在的踏实，薛没有。

高考时，薛的成绩不高，为了与小嵋一起去北京，他读的是一所分数线很低的三本大学。大学时，小嵋欣欣向荣，作息规律，而薛逃课打游戏，每学期都会挂科。毕业以后，小嵋继续读喜欢的专业的硕士，薛参加了工作，是家里人介绍的岗位。打听到小嵋的消息后，薛辞掉工作去找小嵋，不仅连房租是家里人给的钱，连信用卡都是薛的妈妈在还，这是小嵋后来才知道的事。

小嵋说，想到他送我的包，甚至他为我煮的红糖水里都有一部分是来自他的家庭的钱，我就觉得很反胃。一个男人，都这么大了心里还没有轻重，光有一腔浪漫主义是不能过日子的，总不能我生了孩子也要父母来养吧。

第一次与薛分手，小嵋把自己封闭起来，难过得整整两个月没有与我们这些朋友联系一次，也没有再交过一个男朋友。而第二次与薛分手，小嵋仿佛拨云见日，终于理清楚了自己的思绪。她与薛是和平分手，在一个周末，薛把自己的行李搬了出去，小嵋最后抱了薛一下，对他说，你还是高中时候的那个少年，可我已经不是高中时候的我了。薛抱紧了小嵋，只说了一句，我早该想到的。

是早该想到的。感情的世界里，不是一个人停留在原地，只需要另一个人回头便能重修旧好。当年你放弃的，可能真的就是不适合的。

既然没什么可输的，那干吗不拼

1

树哥姓烟，30 年来，树哥是个彻头彻尾的草根，他整个人除了姓氏特别一点，没有任何一点辨识性，是走在街上一抓一大把的那种。

高中都没念完的树哥有一个女朋友，叫小南，是个有点儿胖的妹子，他俩在同一家酒楼上班。树哥在那家酒楼做了很久，爬到了主班的位置，小南是他手底下的服务员。小南很喜欢树哥，树哥夸她穿那身红色的工作服很漂亮，小南会高兴半天，其实树哥喜欢的是工作服的衬衫扣子每次都快被小南的大胸给撑破了的视觉冲击感。不久，他们就正式交往了，树哥越看工作服越不顺眼，生怕女朋友的上围也被别的男人觊觎。

酒店的生意不错的时候，树哥也能挣挺多钱，甚至比我们这些念了大学的小屁孩多很多，树哥不但能养得起自己，还有余钱带小南出去旅个游。身边的人都以为他俩快谈婚论嫁的时候，他俩却赶上了一波时髦，来了个“互相退圈、感恩有你”。分手那年树哥 23 岁，他没哭，也没喊朋友出来喝酒。

我们都知道为什么小南会离开树哥，不是因为树哥的一双小眼睛，不是因为树哥学历低没文化，也不是因为树哥穿衣品位低，而是因为树哥没有钱买房子结婚。树哥家是农村的，他爸他妈以前建了一个蔬菜大棚。一次出了事故，大棚的卷帘机故障，把树哥的爸爸卷了进去，树哥妈妈在惊慌下去拉电闸，触了电，当场就走了。树哥爸爸被 120 拉走后，也没能抢救回来。这一切树哥都看在眼里，最终他连高中都没念下去，因为创伤，也因为没钱。

树哥说他从来没怪过小南，他说他知道早晚会有这么一天的，小南也到了该结婚的年纪，他什么都给不了她。小南的老家在很冷的北方，她有一个比自己小不了多少的弟弟，她的父母既没有钱，也没有打算为小南的婚姻出一份力。在这个城市安家，以树哥和小南两个人的工资，不知要攒多久才能攒出个首付，更别说婚后几年小南怀孕生子，三个人要怎么生活了。

我听了很难过，对于树哥，我甚至不好意思安慰他，我觉得话语实在太苍白，而现实是如此地沉重、锋利。那时我还是拿家里生活费的学生，我记得树哥跟我说这些的时候风很大，他穿了一件黑色的棉袄，袖口都磨得发亮了，那是他妈还活着的时候买的。树哥最后说，我这个月要回趟家了，上坟烧纸。我想，树哥家的房子空了那么久，炕一定很难烧吧。

2

又过了几年，我在小区门口等人，突然有一辆捷豹从马路对面开到我面前，降下了车窗。是的，是树哥的脸，眼睛还是那么小，獐头鼠目的，吓了我一跳。

树哥咧着嘴叫我，阿茶!

我有些迟疑地说：……烟……树?

树哥指了指副驾驶座，我顺着方向看去，竟然是大着肚子的小南。

来不及感慨人生如戏，我被树哥热情地拽进了车里，他俩载着我去了他家，而我的另一位朋友就这么被我放了鸽子。树哥家很大，看起来有150平方米，屋子里的装修风格竟然没有我想象中那么土，简简单单的，很素雅。我瞥到客厅左边的屋子黑漆漆的，像是掩着厚实的窗帘，房间里是一台电脑。

我问树哥，书房干吗布置得这么暗，不知道的以为你杀了人，在那里碎尸呢。

树哥说，其实我有做人皮玩具的爱好，你就是这个月的目标。

一句话说得我后背凉飕飕的，小南在一旁笑得差点儿把香蕉掉到了地毯上。原来那个房间并不是树哥的书房，而是他的工作室。这我倒是想到了，树哥也不像一个爱看书的人。树哥与小南分手后精神上比较空虚，于是开始沉迷网游，整晚整晚窝在网吧玩，整个人跟打霜的茄子似的。酒楼的经理在对他进行思想上的教导后，发现并没有什么用，于是劝退了他。

失恋又失业，一无所有的树哥再次走到了网吧，却发现兜里的钱不够上网，他决定去取钱，把毕生积蓄用来丰富精神世界。在往ATM走的路上，树哥突然哭得像个傻子一样，但由于树哥太丑，并没有人理他。

树哥说，那时候我觉得这个世界空空荡荡的，每个人都有自己要做的事，只有我没有，没有工作，没有家人，什么都没有。

我说，然后你就去买了彩票，中了500万元？

小南插话说，然后这个㞞货就给我打了个电话，他跟我说要去死了，银行卡里还有点钱，不知道把他火化了以后还能不能给我剩点儿。他告诉我，把他扔海里就行，这样花的钱少。

小南听见树哥这么说，心里又害怕又感动，她赶紧稳住了树哥，小南的城市没有机场，她坐了高铁过来。看到了树哥，小南抱紧了他，很狗血地说，咱俩结婚吧，租房子住也没什么。但树哥没答应，他说他不是为了博小南的同情，他真的觉得活着是件筋疲力尽的事情。

那天树哥和小南坐在公园的长椅上看湖边的老头们钓鱼。树哥想起了自己的爸爸，他也喜欢钓鱼，喜欢在池塘里洗澡，洗完澡用竹竿、渔线和一根有些生锈的鱼钩，自制一根鱼竿钓鱼。池塘里能钓到的鱼很小，他妈攒上好几天，把这些小鱼放锅里做成炸鱼，都给树哥吃。

树哥想，如果爸妈还在，等他们到了这个岁数，估计也不能每天都悠闲地钓鱼吧。在农村，60岁还是壮劳动力呢，他们肯定还在大棚里忙碌。树哥以前也立志好好学习，赚很多钱给爸妈花，如果他们还在，他一定不会放任自己像现在这么颓废，他肯定会比以前更卖力。

树哥想着想着忽然就想通了，既然自己一无所有，连死都不怕，那还有什么好怕的呢？这世上他能失去的都失去过了，但也正因为没有软肋，变得更加无所畏惧了。他想，无论自己做什么决定，只要好好活着，他妈一定会同意的。他忽然觉得自己不去拼一拼就认㞞的话，既对不起父母，也对不起小南。

一腔孤勇，大概就是如此吧。树哥竟然想通过网游直播来赚钱，那时候直播还没有现在这么火，那款游戏也没有现在这么全民化，当时最厉害的职业选手也没有现在这样受人尊敬。树哥在心里产生这个想法的时候自己也吓了一跳，小南更是直接说他异想天开。但好在小南对树哥的要求已经低到了令人发指的地步，只要活着就挺好。

树哥游戏水平一般，但胜在讲话风趣幽默，段子满天飞，没用太久他居然就俘获了一大批稳定的观众给他送可以换钱的虚拟金币。

以上就是土豪树哥的另类发家致富史。树哥和小南做了大餐，我一边吃一边听他们两个人说说笑笑地讲给我听。看到他们如今过得这么幸福，我很替他们开心，这一切都太不容易了。毕竟，那个在街头因为一无所有而抱头痛哭的树哥，那个在现实中跌倒的他，差一点儿就再也爬不起来了。还好，他还有一腔孤勇，还能背水一战。

3

破釜沉舟、背水一战，英雄的故事皆是如此，而处在绝地还不服输的事向来被人津津乐道。“既然没什么可输的，那干吗不拼？”有太多人曾对自己说过这样的话，有的人成功了。

2011年的福布斯排行榜中排71名的富豪，莱昂纳多·德尔·维奇奥，从小被父母抛弃，他的家庭无力抚养5个孩子，把他送到了孤儿院。他小时候过得很苦，早早地便去打工。在他好不容易熬了20年，有了不错的收入后，他决定开一个眼镜铺子，现在他的小铺子已经变成了世界上最大的眼镜制造集团。

当年也有人劝他，万一赔了夫人又折兵怎么办？他说，我没有什么可以输掉的，所以我能够承担任何风险和后果。

2014年，德国网球球员达斯丁·布朗在哈雷草地赛上击败了网坛名将纳达尔。达斯丁曾经穷得连教练都没钱请，甚至要靠其他球员的接济才能生活下去。赢了纳达尔后，有媒体采访他，他说，面对纳达尔这样的名将，我没什么可输的。

也许眼下你我都还远没有成功，那更好，因为没有什么后顾之忧，我们便能蹦跶得更轻松。任何人都不能让你输，除非你自己放弃自己，放弃赢的机会。

在杂志上连载的漫画《暴走邻家》中有这样一句对白："我才不怕嘞！反正我就是个小渣渣！输了也没什么可以失去的！要更加努力，嚯嚯！"

看到这句对白，简直热血得快要跳起来。也许我们只是在一座城市里最最庸庸碌碌的一群人，每天在烦琐的生活里迈不开脚，想改变现状既踌躇又焦虑。也许我们就是一个小渣渣，但最坏也不过如此了啊。

我们虽然什么都没有，但至少，我们也没有什么可担心失去的。虽然我们没有什么可输的，但我们总是有许多想要得到的东西。为了自己想要拥有的美好事物和想要给予在乎之人的美好事物，去拼一把，把自己的梦想双手奉上。一起去拼一把，在这样一个人人追求眼前稳定的年代，难道还有什么比这个更热血的吗？

不摔一下，你怎么知道会疼

1

在亲戚的婚礼上见到堂哥时，我有点儿不太敢相信那个大腹便便、一脸颓废的中年男人就是小时候带着我去广场上放风筝的堂哥。我问我妈堂哥怎么回事，她说，堂哥可能又和堂嫂吵架了吧，因为没看到堂嫂的身影。

堂哥是我大伯的儿子，他的名字里有一个“林”字，我从小叫他林哥。林哥一向比别的小孩子聪明些，我记得他还是个少年时，他会把自己家的电器拆开再重装，也会自己做些小玩意儿。我记得我妈说他的高考成绩很高，他想去西安读他最喜欢的数字集成电路专业。之所以对这个专业的名称印象如此深刻，是因为那一年大伯和大娘对我爸我妈抱怨过太多次同样的话。

他们说，江林这孩子，非要去那么远的地方读大学，还要读那个什么集成电路。哦，对，是数字集成电路，以后还得去打工。就在家附近读个金融专业多好，毕了业让他爸爸托托关系，直接去银行工作，一辈子顺风顺水的。唉，这孩子真不让人省心啊。

林哥和家里的斗争过程很激烈，他被大伯控制了经济、限制了自由，关在房间里，他直接从二楼绑了床单顺了下去，找好朋友借了钱，一出门就是一个星期没回家。大娘又气又急，有一天突然患了急性阑尾炎疼得晕倒，家里人发现得晚，差点儿就穿了孔。

得知消息的林哥连夜飞奔到医院，他被大伯扇了两个耳光，大伯骂他任性、自私。还说，我们还不是为了你好？你倒好，不但不感激，反而害你妈妈差点儿丢了老命。

林哥的人生就是从那一刻转折的。他选择留在家乡读书，不过他捍卫了自己的底线——仍旧读数字集成电路专业。可是那所大学是以文科见长，理工科的专业实在拿不出手，而且家乡的电子产业也不甚发达，林哥毕业后半年多的时间一直处于待业状态。

那时候，我上初中，去林哥家里玩的时候，在他的房间里翻书看，他指着四大名著问我，你喜欢看这些？我点头。

他问我以后想做什么工作？

我说我想当作家。

他嗤笑，说，等你长大了，就不这么想了，我像你这么大的时候，还想当科学家呢。

小小的我觉得，当科学家很好啊，戴着面罩，敲敲电脑，看看显微镜，在实验室里摆弄着各种颜色的药剂。我觉得当作家也很好，用一支鹅毛笔和一瓶蓝墨水就能创造出一个奇妙的世界。

我问林哥，你喜欢就去做呗，为什么不啊？林哥没有讲话。

林哥已经不再做当一个科学家的梦了，甚至连做一个工程师这样接地气的梦想他也放弃了，因为他真的去了银行，成了千千万万坐在防弹玻璃后面微笑的柜员中的一名。

而后再遇到什么抉择，大伯和大娘总能用同样的理论和方法说服林哥，像是抓住了林哥的脉门般。慢慢地，林哥从一个喜欢穿白 T 恤的运动青年迈入晚婚青年的行列，又在大伯朋友的介绍下认识了堂嫂，不久后便买了房车，结了婚，生了孩子，拥有了父辈眼中一个年轻人所应该拥有的一切。

然而，拥有一切的林哥看起来却并不快乐，他的眉间像是舒展不开似的，常年皱在一起。听说他与堂嫂的感情不好，经常吵架，有时堂嫂会跑回娘家。听说他在银行待了这么多年，也只升了一级，涨了一点工资，这比起他在西安读电路专业的同学来，简直不值一提。除了稳定，再无其他优势。

过年时去爷爷家吃团圆饭，林哥和嫂子带着他们的女儿筠筠也在场，我听见林哥训斥筠筠，好像是因为筠筠不愿意学钢琴，而更喜欢学游泳。

林哥说，小女孩就应该学些文文静静的，学了钢琴能让你有好气质，学游泳有什么用?

筠筠鼓着腮帮子说，我不喜欢一直坐在凳子上弹琴，我就喜欢游泳，能锻炼身体！我不喜欢钢琴！

林哥气得说道，你这个熊孩子，真不听话，我们还不是为了你好!

筠筠被爸爸吓得哭着找大娘去了，我在一旁不由得打了个冷战。想必当年林哥也是听着“我们还不是为了你好”这句话长大的吧，原生家庭带给人的影响深远到即使他已经深受其害，但还是沿着老一辈人给的经验走下去。

像是蒙着眼睛在黑夜里探路的旅人，时间久了，已经忘记了自己的初心，以为拖着自己向前走的那双手就是正确的方向，他已经忘记了自己曾感受过的疼痛，更或许，他甚至会产生错觉，自己之所以还没有到达光明，是因为没有从一开始就跟着走。但其实，那双手要拉着你去的，是另一个方向啊，与你想要的背道而驰，你才会不快乐。

我们生在同一个世间，经常有同样的苦恼，如果有什么不同，那大概是因为每一个人在相同的处境下做出的决定不同吧。林哥选择了顺从父母的意愿，另一位朋友茗茗则选择了坚持自己。

2

最近让茗茗最纠结的事，是她妈妈反对她和男朋友的恋情。

茗茗的男朋友叫李泉，最开始的时候，茗茗的妈妈是支持他们的，因为有一次茗茗中午懒得吃饭，在外出差的李泉没说什么，直接订了份比萨送到茗茗家。茗茗妈妈说，这男孩子还挺靠谱的。

引起茗茗妈妈不满的是李泉对待前女友的态度。李泉有一个神经质的前任，叫小阳，小阳实在是太难缠，她通过各种方式加李泉为好友，每次都在验证信息里附加一堆内心独白，用委屈的腔调无声无息地控诉着李泉，意图勾起李泉的内疚。

李泉是个善良的人，久而久之，他也对自己的决定产生了质疑，他开始觉得确实对不起前任，甚至某个时刻，他会怀疑自己不应该那么快地开展与茗茗的交往。最诡异的是，李泉居然会把这一切内心活动向茗茗坦白。但李泉的纠结是转瞬即逝的，他只是需要把自己内心这一刻的想法说与茗茗，随后他便能做出符合内心的决定。

这样的事情有了几次，茗茗向她妈妈说了这些。茗茗告诉我她妈妈说李泉太优柔寡断了，我说我也认同。

她又说，她妈妈去打听了李泉的家庭情况，得出的结论是无论从家庭条件还是双方父母的为人，李泉家都远远不及茗茗家。

茗茗妈妈说，你们还是趁早分手吧，连算命的也说李泉的性格很小气，只是现在伪装得好，当断则断吧。

茗茗对待父母的态度向来很好，她委婉地说，你给的意见我清楚了，但我还是想自己发现那些缺点，而不是因为你跟我说了，我就连试都不试就放弃。

面对这样的事情，矛盾和冲突是必然的。无论茗茗怎么说，她妈就一句话，我都是为了你好，你的意见可能是对的，但我的意见一定是对的。

在咖啡店，茗茗问我，这件事你怎么看？

我说，我觉得你的当务之急不是说服你妈妈，李泉是个什么样的人，这个人是什么样的，这些根本不重要，重要的是你们现在的核心矛盾是不能有效地沟通。

我用手敲了敲窗玻璃，我说我觉得现在你在屋里，你妈在外面，你和她说再多，她听不见，也不想听。

茗茗苦笑说，她只会在她想说的时候把窗户拉开，说完了就关上。

所以，不管是李泉还是张泉、赵泉，这只是事件，在事件中暴露的是我们与父母的沟通中有没有话语权的问题。或者说，我们愿不愿意把握自己的话语权。

父母也好，我们也好，人的思想是根据自己的人生经验总结出来的。就像茗茗的妈妈之所以会坚持自己为茗茗指的路才是真正能让她幸福的，是因为茗茗的妈妈就是在茗茗姥爷一句“你不嫁给小刘我就打断你的腿”的威逼下才与她爸爸结的婚，并且结婚后，确实夫妻恩爱、衣食无忧。

茗茗妈妈的原生家庭是如此专制，且有远见，她过得很幸福，反倒是她身边那些自由恋爱的人过得很惨。在她的认知里，父母的专制是一种睿智，是避免子女走弯路的捷径。她不会考虑茗茗此时此刻的心情，因为她在意的是茗茗未来的幸福。这本没有错，但茗茗妈妈忽略了人是复杂的，再年轻和幼稚的人，也都是独立的个体，他们有权利选择自己的生活，尤其是在他们已经成熟到愿意为此付出代价的年纪。茗茗仍然与李泉在一起，尽管我也不看好李泉，但我相信茗茗有着自己的判断。

后来茗茗又试着与她妈妈沟通了几次，还是无果。茗茗说，她在对妈妈说自己的想法时，她好好说，我不想知道你是怎么想的，你只需要知道我是对的就行了。

茗茗问我，难道她不知道相比我和李泉是不是应该继续在一起，她的固执己见和对我的控制欲才是我最苦恼的吗？

每个人遵从自己的内心去生活，也是我们对自己的尊重。没有人能代替你走完人生，也没有人能替谁经历成长。

别让学生思维束缚了你

1

“谈钱显得多小气啊！”

刚参加工作那会儿，我看起来很不缺钱。

大四时学校彻底没课了，我去面试全职的实习岗位，面试官问我，你对薪资待遇这方面有什么样的要求？我说，我主要是学习经验，所以工资我不是很看重，和市场平均水平一致就可以。于是面试官说，那这样，第一个月先按照1800元来可以吗，实习生我们给不了太多，过段时间，我们会审核你的工作能力后再做决定，应该会在2500元左右。我虽然觉得太少了，但还是答应说，可以的。

回到宿舍，我和下铺的滢滢照例交流起一天的面试成果。滢滢也拿到了 offer，是策划的职位，那家公司给她开出了 3900 元的工资。她问我，你还真打算去那家公司吗？给你定的工资那么少，肯定是个吃人不吐骨头的地方。我说，要是没什么意外的话，我确实打算去来着。

我心里也有自己的算盘，我觉得刚毕业，什么经验都没有，工资少一些也没关系，主要是去学东西嘛，等学到了经验再跳槽，有的是工资高的地方等着我去呢。

在那家公司待的 3 个月里，我像一块一直暴露在干燥空气中的海绵被扔到了海里，拼命地吸取着水分，来者不拒。所以很荣幸，我成了单位最勤奋的员工，领导和前辈同事们都很喜欢我。后来想想，这份喜欢好像和我想要的不那么一样，这是后话了。

第一个月，我浑身都是热忱，恨不得一心扑在工作上。晚上和同一个项目的同事们加班到深夜，地铁没有了，宿舍门也早就关了，只能打车去表姐家借宿一晚。除了认认真真地做好自己分内的事，因为去得早，我甚至还主动承担了部门的办公区卫生清扫，自从我去了单位，原本墙上贴着的值日表都成了个摆设。做这些的时候，我完全没有很功利的想法，类似于在领导的心中可能会多打上几分印象分云云。

第二个月，我拿到了第一个月的薪水，1800 元，虽然赚得少了些，但好在我自认我收获颇多，对工作内容学习得也很快，对前路充满了信心。想着也算是一只脚踏进了行业内，当天我还很开心地请同事们喝了奶茶。等到该结算第二个月的薪水时，我一边期待着那 2000 多元钱，一边在日记本上计划着拿到钱后应该怎么去花。但会计姐姐拿着工资单找我签字时我却傻了眼，还是 1800 元，这个数字看得我心里凉飕飕的，难道我是工作能力不行吗？我陷入了对自己的怀疑中。

晚上表姐问我，你怎么不去找你们主管谈谈呢？我说，找主管去谈显得我多小气啊，为了这几百元钱斤斤计较的，而且去了人家也可能会说，是我的水平没有达到他们的要求，说了也白说。

表姐像看傻子一样看着我，问我，你到底知不知道什么是工作？我问你，你去人家公司是去干什么的？我答，去学习经验，增长见识啊。

表姐哈哈大笑，说，你说你是去学习经验，增长见识，没错，但这都是你个人的需求，不是公司的需求。换句话说，公司对你的需求是要一个能胜任工作的员工，是，你是实习生，暂时没有办法独当一面，没法独立地去完成一项工作，但你做的那些碎片化的细小的基础内容，也是在为正式的员工节省时间，提升效率，你对公司不是没有用处的，不然公司也不会留你一个吃干饭的。

可是，即使我是有用的，可能也达不到 2000 多元钱的那个要求吧。假如我去跟主管谈了，他这么一说，我多丢人啊，怪小家子气的。

表姐继续说，别害怕谈钱，职场本来就是个谈钱的地方，你去公司上班，现阶段来看是为了学习，但是从长远来看，更是为了有能力在日后赚更多的钱，我们上班就是为了钱，为什么要假装自己不在乎呢?

更何况，你去和主管谈过，即使他告诉你能力欠缺会让你一时之间很没有面子，但同时你也能从前辈的嘴里听到自己哪里不足，哪里还需要学习。这些都要好过于你在我这里抱怨，也好过于你付出了那么多的努力，却不知道为什么不被认同。

表姐就这么滔滔不绝又义正词严地完成了对我的洗脑，初出茅庐的我听得可谓是一脸蒙状，感觉打开了新世界的大门，是一个我从来没有涉足过的真实的世界。

原来在职场，我们付出的劳动都是可以被明码标价的，有人付出时间和辛劳，有人用相对应的价格去买，这一点也不应该是一件值得羞耻的事情。而为自己完成的工作去争取相应的利益，也不该是难以启齿的要求。而固有的学生思维差点儿让我困顿于那个压榨员工工资的单位，一边替别人数钱一边还暗自窃喜。

你可以在工作中学习，但你不应该忘记你是在工作。完成工作，谋取金钱，简直是一件正当得不能再正当的事情，恐怕只有身在象牙塔里的学生才会觉得“金钱”二字刺眼，谈钱会显得小气吧。

2

“我不知道啊，你没告诉我。”

我想每一个职场老员工听到了这句话的时候，内心的潜台词都是：你不知道不会问我吗？

嘉欣在微信上说，她回想起自己刚毕业的时候，在公司不受领导待见，多半是因为这句话的关系。我回复她，如果你经常说这句话，那你可真能给自己招黑的。

嘉欣是做行政的，校园履历不错，人长得也美，所以第一份工作就是在一家大型广告公司做部门经理的助理，经常跟着经理去电视台开会。为了看起来像个职场白骨精，减轻学生气，她买了好几套黑白套裙，学着穿起了恨天高。但她还是会一下子就被认出来是个刚进入社会的学生，因为她眼里的不自信。

经理每天的工作排得很满，上午开视频会议、下午拎着箱子出差是常有的事，嘉欣一点也不敢怠慢，生怕被挑出了毛病。

有一天经理在外省出差，临时交代她替自己跑一趟电视台，向台里的制片主任转交下个季度的宣传片计划。嘉欣看到工作群里的消息，立马打了辆车直奔电视台，力求以最快的速度递交了计划方案。制片主任看了方案，对嘉欣提出了自己有异议的地方，并说了几个修改意见。嘉欣记在了笔记本上，想着等经理回来了告诉他。

结果赶上航班延误，经理比预计的回程时间晚了一天。回到公司后，嘉欣第一时间就把记着制片主任提出的意见的本子递给经理，却被经理批评了一顿。经理问他，为什么不在当天下午把这些内容编辑一份邮件发给我？你知不知道这份修改意见晚一天给我，我们的团队每天的工作量就可能会变得很大？

嘉欣吞吞吐吐地回答，我不知道应该当天就发给您……您走的时候没告诉我。经理反问她，我没告诉你，你不会问吗？

讲到这里，嘉欣对我说，当时我特别生气，就没有继续说下去，我想着反正我说什么都是错的，还不如不说了呢。但经理可能觉得我认识到了自己的错误，愧疚得无话可说吧，语气缓了许多。

经理对嘉欣说，那天我交代你的时候确实没有说得那么细，但你要知道，没有哪个领导会像老师一样，事无巨细地交代给你，你只需要按部就班地去做就好了。如果我只告诉你，把方案交给台里的主任，你就应该当即问我，如果主任看过了有需要商榷的地方怎么处理，是写邮件发给我还是打电话告诉我，还是移交给同事，这才是你应该做的，懂吗。

刚毕业的职场新人，很容易把学生思维带入工作中。他们经常会忘记，你来到公司上班，已经不是个学生了。上学时，遇到哪道题不会做，可以很自然地对老师说，这道题我不会，我没学过。但在职场，你说“我不知道啊，你没告诉过我”，显然在你的意识里，还把自己当成一个学生，需要等着老师去教你，认为老师没教的问题，不会就是理所当然的。

在上司下达任务的时候，就应该问个清楚明白，把这个任务可能涉及的方方面面弄通弄透了，这有助于工作效率的提升。职场远比课堂严肃得多，一个小的失误都可能造成雇主的巨大损失。大学的时候，期末考试只要过了及格线就没有人会深究你到底考了多少分，而误将这种交作业式的学生思维带到工作上，则是致命的，在工作中如果只以及格分数来要求自己，早早地便会被更优秀的人淘汰，连头带脚地被拍到沙滩上。

3

类似的学生思维还有许多，它正像温水煮青蛙一样束缚着刚入职场的新人。

比如，想做好万全的准备再去尝试某件事。上学时，我们总是在考试之前还在看着书上画着的重点，生怕准备得不够充分，落下了某个角落的知识。这样的思维映射在工作中，就是不敢进行任何新的尝试，不敢踏入未知的领域。明明对某个职位很感兴趣，但总觉得自己一没经验，二没人脉，三没资源，永远不敢放手一搏，也只好故步自封。

比如，从前我们还是穷学生的时候，可能会花上大半天的时间去比较淘宝上的一条裙子，哪家的质量更好，价格更便宜，还会花心思去甄别他们的买家秀是不是雇人刷单来的，就为了能便宜几元钱。学生确实有的是时间耗费，但如果已经踏入社会，还在用时间做成本去兑换金钱，真是太舍本逐末了。

我们的时间是有价值的。要知道，你可以用节省下来的时间来给自己充电，不再把功夫浪费在繁杂琐碎的小事上，无论是花钱报个班学习技能，还是报名某项能用得到的证书考试，都要比在网游里多杀几个人和跟风多看几部偶像剧能变现的价值多。当你学会用金钱去换时间，你也能让你的时间更加值钱。

而当你终于摆脱了学生思维，能够用成熟的视角理性地看待工作中发生的一切，也能为自己的未来梳理出清晰的规划时，那无论多大的惊喜从天而降，都是你理所应当得到的。

你不是不聪明，而是情商低

关于情商低，网上有一个段子：A 对 B 说，从前有两个人，一个人叫“我爱你”，另一个人叫“我不爱你”，后来“我不爱你”死了，那剩下的那个人叫什么？B 回答道，幸存者啊，傻 ×！

可是当笑过了之后会发现，说不定是 B 故意跳过了 A 准备的陷阱，拒绝讲出那句“我爱你”的正确答案呢？所以情商真的是一种神奇的能力，如果 B 其实是喜欢 A 的，但没听出来这是她在向他表白，那这就是 B 情商低；如果 B 并不喜欢 A，想委婉地拒绝她，这就是 B 情商高的表现了。

与情商高的人相处，整个人都会很舒服，高情商的人有百炼钢化为绕指柔般的能力。与情商低的人相处，你会忍不住在内心吐槽他的所作所为。

1

芦花与老公梁先生是相亲认识的，两个人认识一年就结了婚。当时芦花觉得梁先生有车有房有存款，人也不错，一表人才，彬彬有礼，待人诚恳，但最近芦花却开始向我们大吐苦水，对我们讲起了梁先生让她气得头顶冒火的事情。

梁先生爱吃肉，于是上周末芦花按照菜谱上的描述步骤做了一盘红烧肉，为了让肉入味，芦花用小火炖了很久。红烧肉一端上桌，梁先生闻了一下，皱着眉头小心翼翼地夹起了一块放到嘴里。

我猜你放了糖，但是炒糖色的时候火太大了。梁先生说。

芦花大惊失色，说，怎么了？不好吃吗？

梁先生说，味道有点儿苦，高温使糖脱水变成焦糖，进一步脱水变成碳，就有苦味了，这很正常。

芦花撒娇说，可是这是我特地为你做的啊，唉……果然我做什么都做不好。

梁先生说，但是你对自己有一个清醒的认知，这点比大部分人都要好。

这简直太像是梁先生能说得出来的话了，我们几个人笑得像疯了一样。芦花绝望地挥舞着双手，重复着梁先生的话：你对自己有一个清醒的认知！清醒的认知！你们知道吗？他不是在开玩笑，他是认认真真地说的，就像是学校里的老师一样！

我们相信，毕竟梁先生是一个参加我们的小聚餐都会穿着一整套西装来的人，我甚至认为他在来之前还特地熨平了西装、擦了鞋油、喷了啫喱水。梁先生是做食品安全质检的，每天和数据打交道，工作需要他严谨、一丝不苟，但把这种量化的态度带到夫妻生活中，就显得太奇葩了。

梁先生除了认真严谨，还有另一个令女人讨厌的特质——他似乎热衷于与一个气急败坏的女人辩论。

有一次，梁先生去外地出差，芦花一个人在家，正赶上流感，她也不幸躺枪。芦花请了假躺在床上给梁先生打电话，诉说自己的寂寞，想求得梁先生怜香惜玉。

她对梁先生说，老公我感冒了，有点儿发烧，嗓子也好难受啊。

梁先生听了很关切地问，是吗？你量体温了没有？

芦花说自己刚量了体温，37.4℃。梁先生恢复了平静的语调，表示37.4℃在严格意义上并不算发烧，超过了这个数值才算发烧。

芦花很崩溃，她决定再努力一次。她用软软的语气说，可是我真的好难受呀，在家盖着大被子捂汗呢，你要是在家就好了。

梁先生的语气又波动了起来，他对芦花说，你知道人为什么会发烧吗？是因为免疫系统在发挥作用，试图打败病毒，所以人退烧了会出汗，但在发烧的过程中去捂汗会让体温升高，没有任何作用。

芦花气得掀开被子坐起来，准备用正襟危坐的姿势与梁先生开展战争。她对梁先生控诉了他有多么无情、多么冷酷、多么不体贴，最后总结出一句："你真的好烦啊！我要被你气死了！"

梁先生说，如果一个人很气愤，那是因为他没有管理自己情绪的能力。

我默默地把这句话读了三遍，并且在心里由衷地佩服梁先生的波澜不惊。我倒是很认同这句话，其实梁先生说的每一句话都没有错误，让人无可指摘。但是没有任何女人听到他说话还能保持冷静，或者说，听到这种情商已经低到了地球另一端的话，没有任何女人还有什么闲情逸致去有效地管理自己的能力。

相反，可能教养越好的女人，会越温柔地对他说"滚"。

要是有那么一个愿意和梁先生缠斗，试图改变他的女人，绝对是因为爱他。芦花就很爱他，梁先生如果是我的老公，能活过三集的概率极低。

情商低的人，你不知道他的脑子里在想什么，也不知道他们为什么不能思考一下语境再说话。和情商低的人聊天，我会选择披上一条厚毛毯，因为他们会瞬间扫人的兴，让气氛冷下来。

真是太可怕了，我又回味了一遍梁先生说过的话，脑海里闪出了这句感叹。

2

如果说梁先生的言辞无趣还有其特别的萌点，那另一种情商低的人可真的就是没有教养了，比如把讲荤段子当风趣幽默的人、把尖酸刻薄当直率没心机的人。

每当一个人说："我这个人，就是说话直，没别的意思……"我都会在心里默默地把他原本的台词补全：我这个人，就是说话难听，要是伤害到你了，你别伤心，因为我确实就是那么想的。

小许就是这种"直率的人"。

上学的时候大家的化妆技术都很差，也没有太多钱买质量好的化妆品，但是女孩子们都是爱美的，出去溜达时都要画得美美的心里才踏实。子玉当时暗恋我们班的一个男生，我们都知道，我过生日那天叫上了子玉，当然也叫上了那个男生。

子玉那天打扮得很漂亮，她的皮肤属于色号里的自然色，既不特别白皙，也不特别暗黄，她用了简单的遮瑕和粉底液后显得气色比平时好很多。不过她的睫毛膏质量可能有点儿差，涂过的睫毛虽然没有苍蝇腿那么夸张，但还是有点儿不自然。

等我们人在体育馆门口聚齐准备去坐地铁的时候，我看到子玉暗恋的那个男生看她的眼神有些惊讶，可能他也觉得子玉那天比平时好看。

这时站在子玉旁边的小许声音很大地说，哎呀，我说子玉今天怎么怪怪的，原来是化妆了，不过你这个睫毛有点儿粘连了，脖子和脸的颜色差得也有点儿多，哈哈。

子玉瞬间羞得耳朵都红了，在暗恋的男生面前丢脸对小女生而言是一件恨不得钻进地缝里的事情。

眼见着气氛有点儿尴尬，另一个叫小雪的女生说，小许，那是你没看我，你看看我，这眼睫毛，挡得我都看不着道儿了，那个谁，你扶着我点儿。

听了她这么说，大家也都很善良地把话题引到她身上，开起了玩笑。小雪才是真的直爽，自黑起来什么事都能拿出来当段子讲，每个人都很喜欢和她在一起玩闹。

我看见小许眨着眼睛对子玉说，我这人有点儿傻，说话直，刚刚是不是不该那么说啊，你别往心里去哈！子玉点点头，笑着跟小许说没事。

小许和小雪是同住一个宿舍的室友，大家都有一个不成文的习惯，就是谁交往了男朋友，都要请宿舍的人吃个饭认识认识，其实每个人都会做一次请饭的，也会被请，纯粹是乐呵乐呵，倒也没有什么贪便宜的意思。

有一次，小雪新交了一个男朋友，她邀请室友们一起出去吃烤肉，当然，小许也在。那个男生是别的学院的，他和小雪是通过社团活动认识的，彼此还没那么了解，这些女生都知道。平时小雪是个很搞怪的人，在宿舍里和室友相处得很好，大家总是互相吐槽，嘻嘻哈哈的，但有小雪男朋友在场，室友们都很默契地对男生不动声色地夸着小雪。

看得出来小雪挺喜欢那个男生，她扬着脸一脸爱意地看着他，不时地傻乐。小许的低情商又一次凸显了出来，她拽了拽小雪的衣袖，不经意地说，我发现你特别喜欢双眼皮的男生，陈峰不也是双眼皮吗？

陈锋是小雪的前任，两个人交往了两年多，小雪曾经对他用情至深，她现在的男朋友只是一知半解，但也对陈锋这个名字有些介意。听见小许这么说，男生瞥了小雪一眼，但碍于人多并没有多说什么。但听小雪说两个人回去后因为这事儿大吵了一架。

小许身上这样的事情实在太多，久而久之周围的人也都开始疏远她，没办法，谁愿意身边有一个不知道什么时候就会让你惊掉下巴的定时炸弹存在呢。她好像自己也发现了大家渐渐不再邀请她去参加一些活动，但她觉得这是因为其他人都很虚伪，宁愿听些好听的假话也不愿意和自己这样待人真诚的人在一起。小许在感到孤单的同时还有些顾影自怜，她会在人人上发一些"孤独并非可耻，坚持自己，勿忘初心"这类风格的心情动态，颇有些"举世皆醉我独醒，举世皆浊我独清"的味道。

我想，如果芦花的梁先生能和小许有一场对话，那一定很精彩：

小许说，我这人虽不太聪明，说话有点儿直，但我为人真诚啊，比外边的妖艳贱货好了不知道多少倍。

梁先生说，你不是不聪明，你只是情商低，做人要对自己有一个清醒的认知。

可能也就只有梁先生这样的人能和小许这样的人有一场和谐

的对话了吧。

3

情商低的人没有同理心，他们没有办法站在别人的角度去思考自己的话会带给他人什么感受，他们只是说自己想说的话。情商低的人也总是把口无遮拦当作真诚，他们分不清什么场合该说什么话，也分不清自己所说的话里蕴含什么深意。当你责备他们的时候，他们反而会觉得你太小气，连玩笑都开不起。

和智商低的人还能相处，毕竟他们分不清怎么做是对的，一旦他们发现自己伤害到了别人，他们会心怀愧疚，想着下次要改。和情商低的人相处，即使你告诉他们很多次了，那样做会给别人造成困扰，但他们却固执己见，因为他们太爱自己，只说自己想说的，只做自己想做的，因为那才是他们真实的样子，他们会为自己的自私和没有教养粉饰上一层“真诚”的面纱。

你若心怀希望，这世界又能把你怎样

1

“这世上吵着不想生孩子的女人千千万，可是没几个人希望自己不能生。”

作为一个学霸，念书时的橘子觉得熬夜读书写论文之后掉点头发没什么大不了。橘子有一头蓬松的大鬈发，正经洗个头，再吹一吹，分分钟就从宿舍女“屌丝”变身为“气质小清新”。除了对微胖有些许不满，她对自己的颜值还是很有自信的。

她能安安静静地坐在图书馆的角落一整天，抱着马林诺夫斯基和特纳的著作看得津津有味。橘子不但是学霸，她的人缘也很好，每一学期的期末，她都会毫无保留地把自己整理出来的重点发给我们看，有什么不懂的地方她更是义不容辞地给所有人讲解。

像她这么好的一个姑娘，考研成功甚至拿到保研资格都是没得说，她期待的是继续深造，当个大学老师搞她钟爱的学术研究，一辈子琴瑟在御、岁月静好。

可有一天她们宿舍轮到小莓值日，小莓拎着拖把走到橘子的桌旁，指着一地的头发说，你这块儿真像个盘丝洞啊。

橘子接过了这个梗，煞有介事地说，那我以后更名为盘丝大仙吧，怎么样？

小莓说，盘丝大仙你好，我觉得你以后还是别熬夜了，小心再掉下去你就变成秃顶大仙了。

晚上洗漱完，橘子本来想和往常一样，爬到床上开着台灯把没看完的书给看了，但她在照镜子的时候抓了抓自己的大鬈发，头顶那一片用手一压手感确实和其他地方的不太一致。她心里想，该不会我真的会变成秃顶大仙吧。之后整整一周，橘子都没敢再熬夜。

又过了一阵子，橘子发现自己本该在月初就大驾光临的姨妈君却没有按时到来，她在宿舍吐槽这事，室友们开始了卧谈会。

大家都觉得是橘子经常熬夜导致的，纷纷劝说她以后作息时间规律一点，要以健康为重，女孩子可经不起这么折腾。

橘子也深以为然，当天就制订了新的学习计划，痛下决心，不再熬夜。可是尽管她坚持了一个月之久，到了第二个月，姨妈君还是没有来。橘子说，难道全能的姨妈之神把我给忘了吗？

这次小莓不同意橘子的月经不调是因为熬夜了，她对橘子说，去医院吧！

橘子也有点儿慌，她赶紧打电话给她妈，她妈听了二话不说就让她马上去医院做个检查，别真有什么毛病给耽误了。

小莓是本地人，她带着橘子去了一家名声很好的医院，橘子的检查结果是，她患有多囊卵巢综合征。听了医生的话，橘子才知道，原来自己一直以来喝凉水都长肉和不停地脱发都是因为多囊卵巢综合征，连上中学时被同学嘲笑过的“小胡子”的罪魁祸首也是它！

橘子有点儿不敢相信，她说她之前的姨妈君基本都是正常来的，怎么会有问题呢？医生告诉她，月经正常来只能说明是卵巢在发挥它的功能，有可能之前都是无排卵月经。

得知自己真的有多囊卵巢综合征，橘子一时之间蒙了，她可不想做丁克，她还想生个女儿，把她打扮得美美的出去炫耀呢！

从来没想过自己有一天可能会面临生育问题的橘子拎着一大包药，挽着小莓的手往地铁站走时，再也忍不住大哭起来。她感到很无助，不知道自己以后会不会有一个属于自己的小孩。

要是那时就有同样患有多囊卵巢综合征的昆凌第二次怀上了周杰伦的宝宝的例子在前的话，橘子可能就不那么慌张了，但在当时，橘子听说多囊卵巢患者受孕的概率很小。这种事又很私密，她不想弄得尽人皆知，于是只好拜托小莓不要说给别人听，假装什么事都没发生的样子。

得知了橘子的状况后，我也为她捏了把汗，倒也不是受封建思想荼毒，觉得不能生孩子的女生一无是处。即使这世上吵着不想生孩子的女生千千万，可大家希望在自己能生小孩的情况下行使自己的权利，谁又希望自己是因为不能生育而被迫选择不生呢，而且，这个社会对生育困难的女孩并不友善。

橘子说，虽说受孕的概率比较小，但还是有机会的，人还是要保持乐观的，对吧。

从那以后，橘子一边吃药一边坚持跑步，日复一日地跑着。我和小莓有时候会打趣橘子说，你可以找个汉子试试自己的努力有没有成效了。

橘子当然没有找个汉子去试，因为她日理万机，抽不出时间谈恋爱。那时候我想，大概在她眼里，谈恋爱都是没有理想、没有抱负的青年男女打发时间的行为吧。

不过志存高远的橘子也有马失前蹄的一天，并且一搞就是一条大新闻。去年橘子刚直升了博士，不久，她给我们发来一条消息，说她准备年底办婚礼，证已经扯了。就在我们纷纷傻了的时候，她又发来一句：不扯证的话，小孩的户口没办法上哦。

橘子怀孕了！

年底，我和小莓去参加橘子的婚礼，橘子穿着昆凌同款婚纱站在台上，她毫不避讳地说自己怀孕了，就要做妈妈了，这个小宝宝是上天赐给她的礼物。我坐在台下听得差点儿就哭了，我看看小莓，她也一样，因为我们都记得橘子以前心情差到极点时坐在草坪上大哭的样子。

那时橘子觉得自己被世界抛弃了，她哭着说，我可能真的会一辈子都没有自己的小孩了吧。不过我们还没有来得及安慰她，她自己又咬牙切齿地说，才不会的！

据当事人橘子说，她努力多年，多囊却没什么好转的迹象，她以为自己可能真的很难怀孕了。从那以后她和男朋友在一起嘿咻时就再也没有做保护措施，美其名曰：放飞自我。橘子的小baby就是在某一次他爸他妈放飞自我的时候乘虚而入的，橘子发现姨妈君没有按时到来后还以为是自己的老毛病又犯了，直到孩子都三个月了，孕吐搞得橘子快疯掉的时候她才意识到自己可能是怀孕了。

和小莓去随份子钱时，我心里想，希望还是要有的，万一实现了呢?

2

“我不愿将就，我相信这世上有一个懂得我的人在等我。”

与橘子不同，萍姑姑则是个坚定的丁克，她不愿意生孩子，在她的同龄人看来简直是不可思议。

萍姑姑和我妈一样，今年50多岁，是我发小的姑姑，她没结婚生子，一直把发小当作自己的女儿看待。小时候她一来发小家我就很开心，因为那时她就是大学的副教授，她会给发小带好多本故事书和玩具，最后那些书都被我看了。

虽然我很喜欢说起话来声音很好听的萍姑姑，但邻居阿姨们似乎并不喜欢她。她与阿姨们打过招呼离开后，阿姨们就会把头凑到一起窃窃私语，我听到她们说萍姑姑都 30 多岁的人了，还不结婚生孩子，工作好有什么用，将来还不是孤零零的一个人。

萍姑姑是南开大学毕业的，念书的时候家里很穷，她全都是靠自己才有了后来的成就，要知道，那个年代的南开毕业生，大学女教授，哪个名头拎出来都是金光闪闪的。我看过萍姑姑以前的相册，年轻时的她长得有点儿像三毛，不算多好看，顶多占个清秀，所以邻居们都诟病她长得一般还挑挑拣拣，小心以后嫁不出去。

我不知道为什么她们一脸刻薄地评论萍姑姑嫁不出去云云，因为我打心眼觉得萍姑姑是个很好的人，她很温柔，就连她讲的大道理都那么通俗易懂。只不过是没结婚、生小孩而已，又怎么样呢？结了婚，生了孩子就是好事吗？要真是这样，她们也不会在一起抱怨自己的丈夫了。

小时候我不懂什么是男权影响下的社会话语，我压根儿想不明白，为什么身边的女人要把所有不堪的言辞都用在女人身上，而对男人的种种举动则包容有加。

后来我长大了，没出嫁的萍姑姑每年自然还是在发小家过年。随着年月渐长的还有其他人更加直白的言语，他们都猜测着，萍姑姑不结婚是不是因为她有什么隐疾，或者她性格上有什么毛病，更有甚者不知打哪里听到了她是同性恋的传闻。

我差点儿以为萍姑姑是个不婚主义者，毕竟她现在去大江南北的旅行很是潇洒。不过在萍姑姑 50 岁那年，她还是结婚了，对方居然也是个 50 年来都没有结过婚的人。他们是在旅途中认识的，相识不久便确定了关系。

那年过年我去发小家做客，得知萍姑姑随丈夫去了南方的婆家时，我对发小说，这下可算是堵住那些人的嘴了。

发小说，以前我也一直很纳闷，我姑姑怎么这么挑剔，谁都瞧不上，后来我想她可能挺享受单身的状态的。

但有一次发小去她家，发现她在枕头底下藏了把菜刀，她说这是怕有坏人来准备的。发小当时特别心疼，说姑姑你要不就别挑了，找个人结婚过日子吧。

萍姑姑说，虽然不想孤孤单单的，但我更不愿意将就，我相信这世上有一个懂得我的人在等我。

萍姑姑的丈夫也是个丁克，他们在自己的生活圈里都是异类，被人指指点点了许多年。他们像是在黑夜里手持烛火前行的两个人，如果不是对自己心中的希望足够执着，恐怕早就在人言可畏中妥协了吧。可正因为坚信心中怀有的希望，他们最终找到了懂得自己、志趣相投的那个人。

那句被引用过一万次的话说：你若光明，这世界就不会黑暗。你若心怀希望，这世界就不会彻底绝望。虽然我们人浮沉多年，早已不相信什么心灵鸡汤，但你不能否认，心怀希望的时候，你一定会比从前快乐。